빛깔있는 책들 203-22

애견 기르기

글/윤신근 ● 사진/윤신근, 임인학

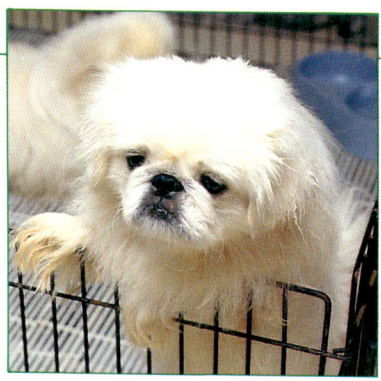

대원사

윤신근 ————————

전북대학교 수의과 대학을 졸업
하고, 연세대학교 대학원을 거
쳐 영국 나이스 브리지대학과
미국 퍼시픽웨스턴 대학원에서
각각 동물학 박사와 수의학 박
사 학위를 받았다. 육군군견대
수의장교를 지냈고, 현재 윤신
근애견종합병원 원장이며 한국
동물보호연구회 회장 겸 국견
세계화 추진 위원장과 서울대
외래교수로 활동하고 있다. 또
일간스포츠 '취미 생활/애견 코
너'의 칼럼니스트이며 KBS,
MBC, SBS, EBS, TBS와 여러
일간지의 애견상담위원으로 일
하고 있다. 저서로는 「애견도
감」「진도견」「가축사육법」「세
계애견대백과」「우리가족 하나
더하기」「개를 무서워하는 수의
사」 등이 있다.
(*연락처 / 전화 274-8558)

임인학

인천대 국문학과 졸업 뒤 잡지
사의 취재 기자와 사진 기자를
거쳐 지금은 현대정공 기획실
홍보팀에서 일하고 있다. 글과
사진을 함께 하는 자유기고가로
도 활동하고 있다. 진도개, 삽살
개 등 한국의 토종개를 카메라
에 담는 작업을 주로 하고 있
다.

애견 기르기

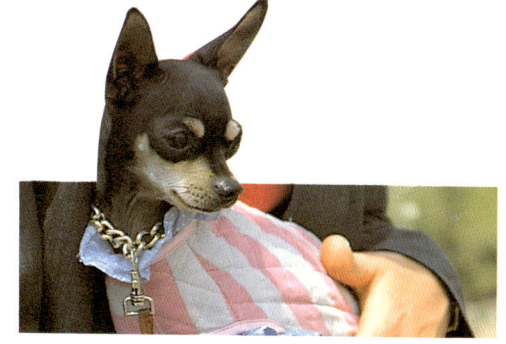

애견 기르기

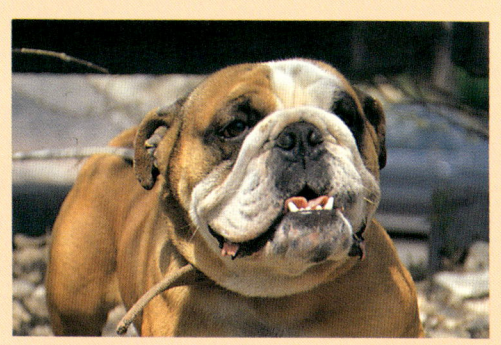

머리말

요즈음엔 개 기르기도 배워야 한다.

수천 년 동안 사람과 함께 살아와 영악해진 탓인지 요새 개들은 사람만큼이나 먹는 것, 입는 것에 까탈을 부리고 툭하면 당뇨, 비만증, 심장 질환 등 개 성인병에 시달린다. 그런가 하면 큰맘먹고 구입한 강아지가 채 귀여움도 받기 전에 감기, 설사 따위로 죽어버리기가 일쑤다.

불과 20, 30년 전처럼 툇마루에 개집 한 채 지어 주고 남은 음식 찌꺼기나 되는 대로 물려 줘도 아무 불평없이 잘만 자라던 개들의 '태평성대'는 이미 지났다. 어떻게 하면 개를 잘 키울 수 있을까?

이 책은 재미있고 올바르게 개를 기르는 방법에 관한 책이면서 한편 개도 배우면서 키우자는 하나의 구체적인 제안서이다.

따지고 보면 개들이 지나치게 현대 문명에 길들여지고 약골이 되어 버린 것은 사람 탓이지 개 탓이 아니기 때문이다. 사람이 편하자고 슈퍼마켓에서 개 먹이를 사다 주고 실내에서만 키우다 보니 숱한 개들이 본래의 건강한 특성을 잃고 약할 대로 약해졌다. 겉으로야 피둥피둥 살이 찌지만 건강 실속은 예전 동네 고샅을 쏘다니던 누렁이보다도 못한 게 요즘 도시 개들의 실태이다. 하지만 말 못하는 동물에게야 무슨 잘못이 있을까.

개 기르기는 재미있다. 그러나 세상이 변하고 개를 키우는 환경도 많이 변했는데 예전처럼 그저 제가 알아서 자라겠거니 하고 방심한다면 재미 이전에 개나 사람에게나 다 같이 불행한 일이 생길 수도 있다.

따라서 정작 애견 생활의 재미를 맛보려면 배우면서 길러야 한다. 공부까지 해야 한다는 것은 아니지만 적어도 개의 건강 장수에 대한 사전 지식쯤은 그것이 없을 때보다 훨씬 더한 애견 생활의 기쁨과 보람을 보장해 준다. 나아가 이 미천한 동물을 보살피는 새 생명에 대한 외경을 깨친다면 애견 생활의 진짜 재미가 여기서 더할 나위 없을 것이다.

이 책은 개를 처음 기르기 시작한 사람을 대상으로, 최소한의 건강 지식 제공을 목표로 했다. 애견 구입과 질병 예방, 응급 처치 등 실제 애견 생활에서 부딪힐 수 있는 문제점과 정보에 관한 손쉬운 입문이 되도록 했으며 특히 최근 급증한 아파트에서의 사육 등 실내 애견 생활에 도움이 될 수 있게 꾸몄다.

필자는 외국 견계(犬界) 시찰 도중 미국, 일본, 유럽 등 잘사는 나라일수록 애견 취미가 보편화됐음을 목격했다. '88서울올림픽 이후 우리나라 곳곳에 나타난 선진국 증후군 가운데 하나가 애견 인구의 급증이다. 적어도 개 마리수에 관한 한 선진화를 자처할 정도가 됐다. 그러나 동물 병원을 개업중인 필자의 임상 경험에 비춰 보면 주인의 사소한 실수로 개가 고생을 떠맡는 안타까운 경우가 아직도 너무 많다.

따지고 보면 이 안타까움의 일단도 적당한 애견 생활 안내책 한 권 없는 국내 애견 풍토에서 비롯된 듯하여 책 출판의 필요성을 절감하던 때에 마침 대원사의 도움으로 이 책을 출판할 수 있게 되었다. 한정된 지면 관계로 다양한 개 품종을 싣지 못한 것을 비롯해 곳곳에 미진한 점이 많으니 독자 여러분께 조금이라도 도움이 될 수 있기를 바라며, 아낌없는 질책과 조언을 기대한다.

애견 구입 전 알아야 할 일들

애견 선택

근래 들어 부쩍 늘어나는 취미 가운데 하나가 애견 기르기이다. 뿐만 아니라 졸업과 입학, 생일 등의 선물로도 애견은 많이 선택되고 있다. 이러한 애완견을 선택할 때는 몇 가지 알아야 할 점이 있다. 첫째는 지나치게 작은 종자나 고급견 같은 종자라 하더라도 상대적으로 비싼 암컷만 고집하지 말고 둘째, 될 수 있으면 자격 있는 수의사에게 자문을 받아 '튼튼한 놈'으로 고르는 게 요령이다.

강아지는 작을수록 앙증스럽고 귀엽긴 하지만 지나친 소형견은 어릴 때 키우기가 까다로우며 수컷보다 30퍼센트 이상씩 비싼 암컷도 실제로 애완 가치나 활달함에 있어서는 수컷에 비해 뒤떨어지게 마련이다.

단독 주택이나 아파트 등의 실내에서 사육하기 적합한 견종은 소형 애완견종으로 치와와, 푸들, 요크셔테리어, 포메라니안, 말티즈 등이 좋다.

단독 주택 등의 실외에서 키우기 적합한 견종은 중, 대형견종으로

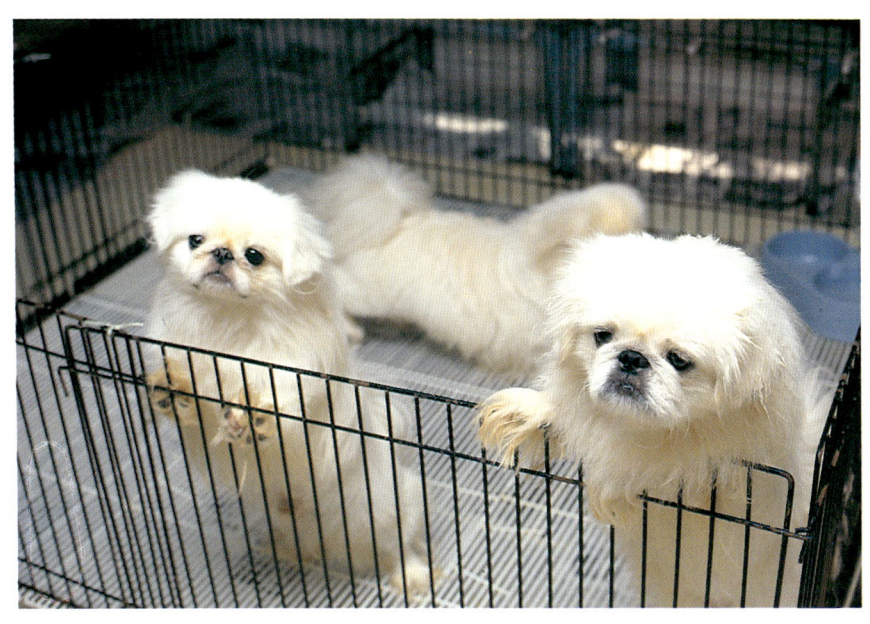

애견 선택　애견을 구입할 때에는 지나치게 순종에만 집착하지 말고 건강하고 튼튼한
　강아지 선택이 중요하다. 페키니즈.

도베르만핀셔, 그레이트데인, 진도개, 복서, 콜리, 아키다견, 셰퍼드 등이 좋다.

푸들과 요크셔테리어는 강아지와 성견(成犬)의 체형이 크게 차이 나지 않으므로 구입할 때 털 빛깔과 모양 등을 살펴 고르면 되지만 포메라니안, 치와와, 말티즈 등은 생후 1년만 돼도 어릴 때 모습과 판이하게 달라지는 경우가 있다. 따라서 치와와 등을 선택할 때는 성견이 되었을 경우 모양새가 어떻게 변할지 전문가에게 미리 자문을 구해 두어야 나중에 보는 사람들의 실망을 덜어 줄 수 있다.

애견 구입 요령

애견을 고를 때는 크기나 순종 여부에 너무 매달리지 말고 무엇보다 '튼튼한 놈'인가를 살펴 건강과 영양 상태 위주로 골라야 한다.

영양 상태

강아지의 영양 상태는 겉으로 나타나므로 눈으로 살펴도 쉽게 판별할 수 있다. 첫째, 젖살이 빠지지 않아 통통해야 하며 둘째, 몸놀림이 활력이 넘치는가를 살펴야 한다.

우리나라에서는 소형견은 지나치게 작은 것만을, 반대로 대형견은 도베르만이나 도사 등 지나치게 큰 것만을 선호하는 듯 '과내파소' 현상이 유별나다. 그러나 소형견의 경우 너무 작은 종류는 선천적인 약골로 성장하면서 잔병치레나 할 우려가 있다. 따라서 생후 45일 정도 된 요크셔테리어, 푸들, 말티즈 등은 그 무게가 500그램 안팎이 적당하다. 또한 손으로 들어 보았을 때 버둥대면서 반항하면 그만큼 활기차다는 증거이므로 합격이다. 아무 반응 없이 조는 듯한 놈은 일단 선택에서 제쳐놓는 게 안전하다.

신체상 특징

신체상 특징으로는 첫째, 털에 윤기가 흐르고 털이 빠진 데는 없는가(피부병 여부) 둘째, 눈동자는 맑고 초롱초롱한가(열, 결막염, 전염병, 간염 등의 여부) 셋째, 항문에는 설사 흔적이 있거나 악취를 풍기지는 않는가(급성 장염 여부) 하는 점 등을 살펴본다.

특히 눈에 백태(하얀 막)와 눈곱이 심하게 끼었거나 항문 주위가 지저분한 강아지는 절대 구입하지 말아야 한다. 파보바이러스성 급성 장염 등으로 인한 설사는 강아지에게 가장 치명적인 병이므로 장수를 보장할 수가 없기 때문이다.

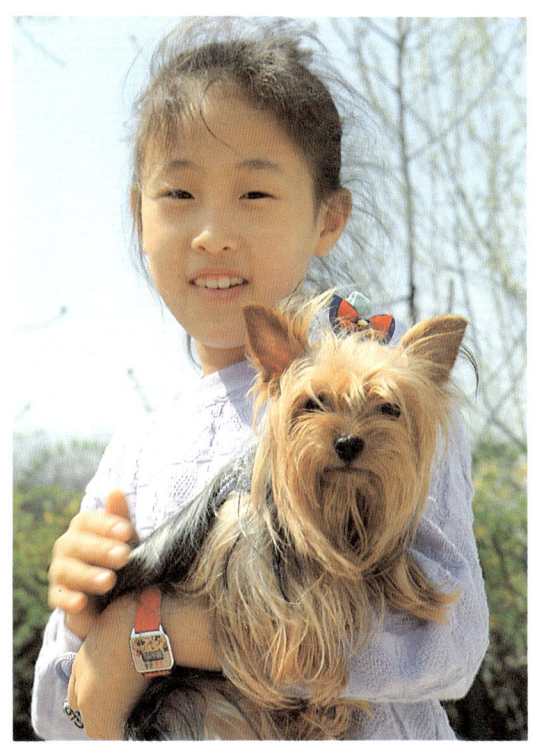

애견 기르기 요즘처럼 핵가족화된 가정에서는 강아지를 기르면 어린이 정서에 많은 도움을 준다. 요크셔 테리어.

행동상 특징

행동상의 특징으로는 첫째, 귀를 긁거나 털지 말아야 하며(외이염, 중이염, 피부염 등) 둘째, 침을 많이 흘리거나 구토, 기침, 콧물 증상 등이 없어야 하며 셋째, 엉덩이를 심하게 비비는 경우 등도 발병을 의심해 봐야 한다.

식욕 테스트

위와 같은 방법말고도 훨씬 간단하고 확실한 방법도 있다. 애견상(商)에게 양해를 구해 식욕 테스트를 해보는 것이다.

사람이나 개나 튼튼해야 역시 잘 먹는다. 때문에 애견을 구입할 때는 점심이나 저녁 무렵 강아지의 식사 시간에 맞춰 사러 가는 것도 필요하다. 물론 무엇보다 확실한 방법은 아예 믿을 만한 애견센터에 의뢰하거나 수의사에게 건강 진단을 의뢰하여 구입하면 안전하다.

강아지의 구입 가격은 생후 2개월 된 요크셔테리어나 푸들 등 소형견 가격은 20만 원 내지 35만 원 정도이다. 그러나 우량 혈통의 경우는 50만 원 이상을 호가해 우선 가격 부담이 적잖치만 처음 선택이 잘못됐을 경우 잦은 병치레에 시달리거나 심지어 귀여워할 겨를도 없이 죽어버리는 예까지 있어 주인을 안타깝게 만드는 경우도 있다.

애견 구입 뒤 알아야 할 일들

　강아지는 구입 뒤 보름에서 한 달 정도까지의 적응 기간이 가장 중요한 시기이다.

　생후 2개월 이내의 강아지는 사람의 갓난아기처럼 환경의 작은 변화에도 민감할 뿐더러 이 시기에 주인과 애견의 관계, 성격 등이 기본적으로 형성되므로 아무리 동물이라 할지라도 애견과의 첫 상견례는 신중할수록 좋다.

　강아지를 구입한 뒤에 제일 먼저 신경써야 할 부분이 강아지의 건강이다. 두고두고 약골로 골치를 썩지 않기 위해서는 생후 3개월 이내에 기온과 식사, 질병 등에 이르기까지 세심히 보살펴 줌으로써 건강의 기초를 닦아야 성견이 됐을 때도 튼튼하다.

　너무 덥거나 춥지 않는 22도 내지 23도의 온도 유지와 조금씩 잦은 식사, 충분한 수면과 스트레스 방지 등이 적응 기간 동안 보살피는 요령이다.

　아파트의 실내 기온 정도면 별달리 감기를 걱정할 필요가 없으며 밥은 찻숟가락으로 두 숟갈 정도씩 하루 4, 5차례, 수분을 충분히 섭취할 수 있도록 따로 물그릇을 마련해 탈수증을 예방한다.

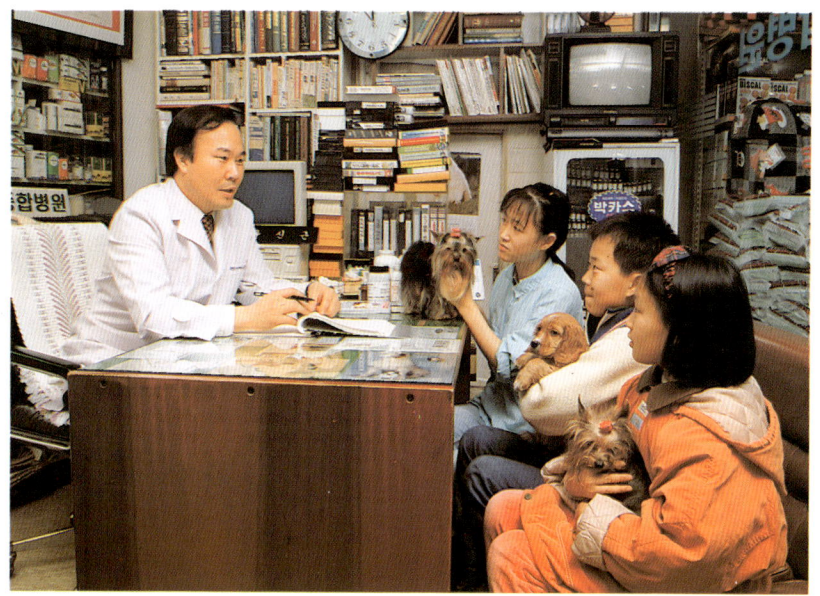

건강 상담 강아지를 구입한 뒤에 강아지가 새로운 환경에 잘 적응할 수 있게 보살피려면 수의사와 건강 상담을 꼭 해야 한다.

    강아지를 데려온 첫날부터 꼬마들이 주물러대는 등 너무 야단스럽게 귀여워하면 스트레스를 받아 심하면 질병까지 앓게 되므로 1주일 정도 격리시켜 천천히 낯을 익히도록 해야 자연스럽다.

    생후 3개월 이내의 강아지는 소화력이 약하기 때문에 시판되는 우유를 먹이는 것은 절대 금물, 돼지고기와 닭고기 등 기름기가 있는 음식, 생선뼈, 오징어, 쥐포 등도 설사의 원인이 되므로 삼가야 한다.

    강아지에겐 설사가 가장 치명적인 병이고 설사 때엔 음식물 보급을 중단하고 보리차에 설탕을 가미하여, 1시간 간격으로 물만 주면서 차도를 살피다가 하루 정도 지나도 나을 기미가 없으면 곧바로 수의사를 찾아야 한다.

목욕도 감기의 원인이 되기도 한다. 지나치게 냄새가 나는 경우를 제외하곤 집에 데려온 지 열흘 정도 지난 뒤에 첫 목욕을 시키며 이후 5일 내지 1주일 간격으로 시키는 게 안전하며 목욕 뒤엔 반드시 헤어드라이어로 말려 줘야 한다.

기본 훈련

강아지 건강을 유지하는 첫 단계는 적당한 훈련이다. 이 훈련을 통하여 강아지에게 좋은 성격을 심어 주고, 주인의 말을 잘 듣게 함으로써 교통 사고를 방지하며 이물질과 중독 물질, 섭식을 방지하고 비만을 방지할 수 있는 좋은 효과를 얻을 수 있다.

7주 내지 12주 된 강아지는 사람과의 유대 관계 및 성격이 형성되는 시기이다. 이 시기에 인간과 강아지와의 밀접한 관계가 이루어진다.

생후 7주 무렵이 되면 강아지는 새로운 주인을 만나게 되며 이 시기에 주인은 개에게 많은 이야기와 애정을 쏟아야 한다. 모든 식구가 강아지에게 애정을 가지고 놀아 준다면 강아지는 사람들과 아주 잘 융화될 수 있을 것이다.

이 시기에 강아지의 이름을 가르치고 기본적인 명령어인 "안돼" "앉아" "멈춰" "이리 와" 등을 가르쳐야 한다.

훈련을 시킬 때는 언제나 한 사람이 시켜야 하며 다른 가족들은 곁에 없는 것이 낫다.

7주 내지 12주 사이의 훈련은 주로 놀아 주는 방향으로 해야 한다. 왜냐하면 이 시기의 강아지는 쉽게 공포감을 느끼고, 쉽게 혼돈을 가져오기 때문이다.

이때는 강아지의 몸짓을 판단하여 의사를 알아야 하며 눈과 눈으

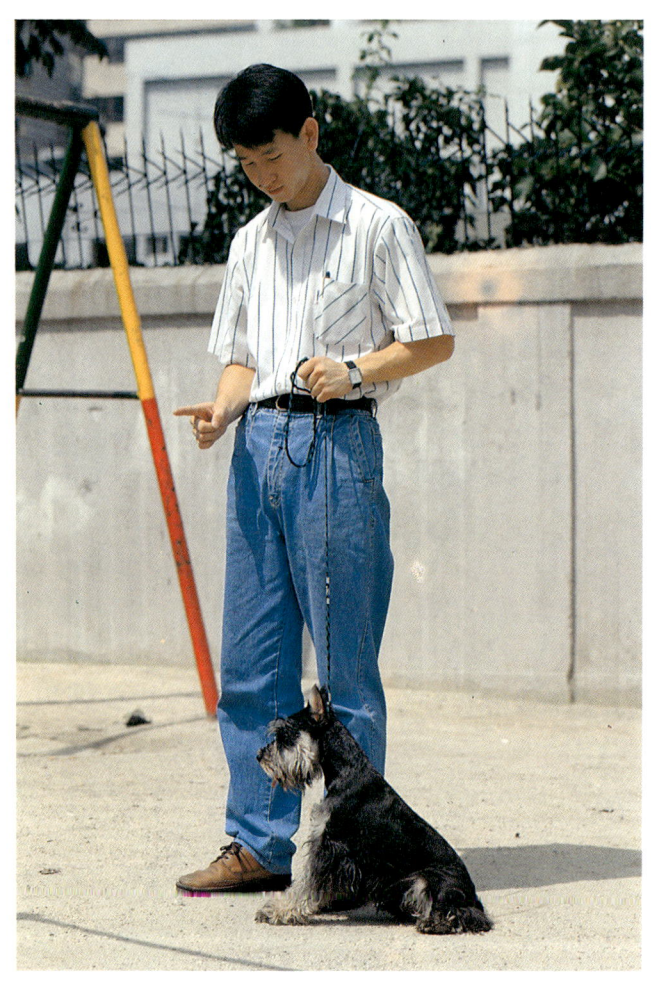

기본 훈련 "앉아" 생후 7주쯤 되면 강아지에게 이름을 가르치고 기본 훈련을 시켜야
한다. "앉아" 하는 것은 가장 간단한 훈련으로 말과 행동을 같이 해야 한다. 슈나우
저.

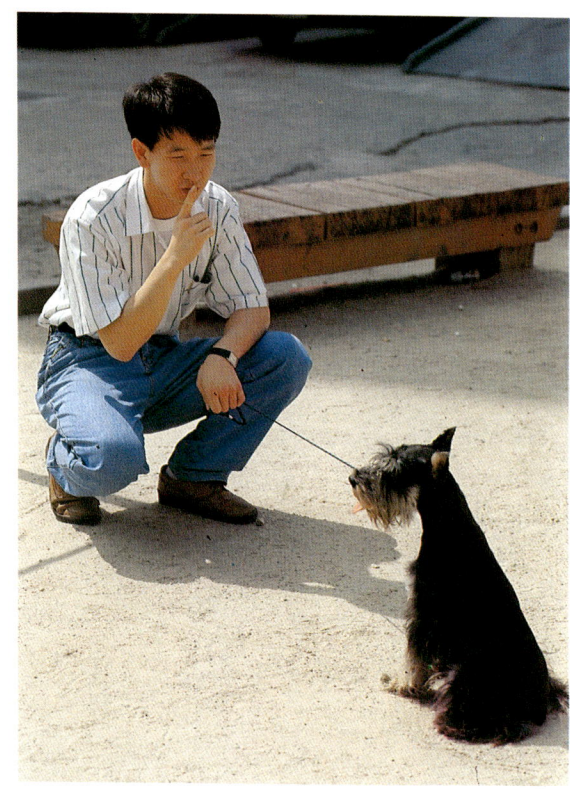

기본 훈련 "짖어" 때와 장소를 가려 짖을 수 있게 하기 위해서는 강아지 초기에 훈련을 잘 시켜 줘야 한다. 슈나우저.

로 대화해야 한다. 강아지는 눈과 얼굴 표정 그리고 꼬리로도 대화하기 때문이다. 항상 곁에서 관찰하고 몇 주 동안은 많은 이야기를 해주어야 한다. 강아지는 반복되는 간단한 용어를 쉽게 배우며 용어를 사용할 때는 소리의 크기와 음량을 조절하여 애정을 가지고 불러 줘야 한다.

훈련 시간은 10분 정도가 적당하며 나머지 시간은 강아지와 함께 놀아 주어야 한다는 것을 잊지 말아야 한다.

12주령의 강아지에겐 본격적인 교육 훈련이 필요하다.

잘못된 것을 교정하는 "안 돼"라는 용어를 많이 써야 하며 이 용어가 어느 정도 인식될 때까지는 육체적 제재를 가해도 된다.

주의할 점은 머리 부위는 때리지 말고 나쁜 짓을 했을 때는 야단을 치면서 이름은 부르지 말아야 하며, 좋은 일이나 착한 일을 했을 때만 이름을 불러야 한다는 것이다. 마지막으로 "안 돼"라는 말이 효과적일 때에는 육체적 제재를 멈춰야 한다.

이 밖에도 대소변 가리기 훈련은 강아지에게 최초로 가르쳐야 할 사항인데 이 시기엔 많은 인내심이 필요하며 칭찬해 줄 수 있는 여유가 필요하다. 이때 명심해야 할 것은 강아지는 아직 아기라는 사실이다. 잘했을 때는 칭찬을 아끼지 말아야 한다.

대소변 가리기 훈련은 계속적인 반복 훈련이 필요한데 신문지나 종이를 펴고 그 위에 강아지의 대소변을 묻힌 뒤 일정한 장소에서 용변토록 유도 훈련을 10일 정도 하면 대소변 훈련에 익숙해져 그 이후는 자연스럽게 가리게 된다.

"앉아" 이것은 가장 간단한 훈련이며 말과 행동을 동시에 해야 한다. 입으로는 "앉아" 하면서 손으로는 강아지의 꼬리 쪽을 눌러서 앉혀야 한다.

이 과정을 되풀이하면서 항상 같은 목소리를 사용해야 한다. 강아지가 앉으면 칭찬해 주어야 하니, 만약 강아지가 곧바로 인식하지 못할 지라도 꾸짖지 말아야 한다.

일단 강아지가 앉는 것을 배우면, "멈춰" "이리 와" 등 좀더 힘든 명령어를 사용할 수 있다.

이 두 가지 명령어는 끈을 매고 하는 것이 좋다.

대소변 가리는 훈련

'세 살 버릇이 여든 살까지'라는 말은 개의 경우도 마찬가지이다. 예의바른 식구로 오랫동안 정을 나누기 위해서는 강아지 때부터 조기 예절 교육이 중요하다.

아파트 등 최근 보편화된 실내 애견 생활에서는 대소변 가리기가 가장 큰 예절 과목 가운데 하나이다.

대소변 가리기는 실내를 깨끗하게 하기 위해서 뿐 아니라 개에게 참을성을 길러 주는 가장 중요한 '기초 과목'으로 훈련을 확실히 해두면 다른 훈련이 훨씬 쉬워지며 두고두고 좋은 결과를 기대할 수 있다.

대소변 가리기에서 가장 중요한 것은 교육자의 인내심과 반복 훈련 여하에 따라 포메라니안, 치와와, 푸들 등 영악한 종류는 1주일, 보다 늦되는 말티즈, 시쮸, 요크셔테리어 등은 보름 정도면 스스로 대소변을 가리도록 할 수 있다. 이때 주의할 점은 일정한 시간, 일정한 장소를 정해 놓고 계속적인 끈기와 관심을 보여 주면서 교육의 성과에 따라 즉석에서 따끔한 질책과 칭찬을 반복해 줘야 한다.

강아지도 사람과 마찬가지로 아침에 잠에서 깨어날 때쯤 요의나 변의를 느끼게 되므로 이 시간대를 택해 매일 화장실이나 구석진 곳에 신문지를 깔아 두고 '일'을 치르도록 훈련을 시킨다.

칭찬할 땐 머리를 쓰다듬으면서 약간의 맛있는 먹이나 개 스낵을 부상으로 주며, 혼을 낼 땐 엉덩이 부위를 손바닥으로 살짝 때려 주는데 과도한 감정의 표현은 삼가는 것이 좋다.

강아지는 철부지에 불과하기 때문에 내내 잘하다 갑자기 아무 데나 오줌을 누는 등 투정도 잦지만 이런 경우에는 큰소리를 친다든가 겁을 주면 오히려 역효과가 난다.

최근 애견 상가에 나와 있는 대소변 유도제를 보조 수단으로 사용하는 것도 효과적이다. '굿보이' 등 액체로 된 대소변 유도제는 냄새에 민감한 개의 코를 자극, 한두 방울만으로도 대소변 시기와 장소를 개에게 인지토록 해준다. 이 밖에 대소변 유도제가 겉면에 발라져 간편하게 사용할 수 있는 패드, 역시 약품이 발라진 강아지용 변기 등이 시판되고 있다. 하지만 이는 어디까지나 보조 기구이며 타이르고 얼러 주는 끈기 있는 반복 훈련이 역시 제일이다.

짖는 개 교정법

실내 애견 생활이 보편화된 요즘 목청 높여 짖는 개들 때문에 골칫거리이다.

서울 강남구 압구정동과 용산구 동부이촌동 일부 아파트의 경우 10가구당 애견 가정이 2가구 이상으로 추산될 만큼 일반화됐지만 우리집 개 아닌 옆집 개가 한밤중에 짖노라면 짜증도 나기 마련이다. 더구나 우리집 개일지라도 귀중한 손님 접대 때 난데없이 짖으며 튀어나와 주인을 무안하게 만들기 일쑤이다.

생후 2개월 이내의 강아지를 처음 샀을 때는 대개 외로워서 끙끙거린다. 이 '철부지'들을 위로하자면 비슷한 또래의 개를 복수로 키우는 게 가장 좋지만 그렇지 못할 경우에는 개 옆자리에 소리나는 장난감이나 시계 등을 놓아 두면 금세 잠잠해진다. 따라서 문제는 어렸을 때부터 함부로 짖지 않는 훈련을 시켜 주는 것인데, 대소변 가리기와 마찬가지로 여기서도 역시 철저한 반복 훈련과 조기 교육이 중요하다.

개의 짖는 습관을 교정해 주려면 약간의 충격 요법이 필수적이다. 강아지의 경우, 처음 짖었을 때부터 "안 돼" 하며 손바닥을 펴보이면서 타이르듯 일러 준다. 그래도 계속 짖게 마련이므로 짖을 때마다 코끝을 살짝 꼬집어 주면서 "안 돼" 표시를 거듭해 준다. 신문지를 말아서 엉덩이를 살짝 때려 주는 것도 좋은 방법이다.

1년 이상 자란 성견을 짖지 않도록 하려면 물총을 얼굴에 쏘아 주든가 빈 양철통을 세게 두드려 겁을 주는 게 효과적이다. 물총을 쏠 때는 귀에 물이 들어가지 않도록 조심하면서 대개 10 내지 20번 반복하면 이내 유순해진다.

최근 애견 상가에 나와 있는 전기 목걸이를 채워 주는 것도 빠른 방법인데 이것은 9볼트 이내의 전기를 발산해 개가 짖을 때마다 목에 충격을 가해 주는 것이다.

극단적으로는 성대 제거 수술을 생각할 수도 있지만 잔인한 처방으로 여겨져 국내에서는 별로 환영받지 못한 방법이다.

전기 충격 목걸이나 성대 제거를 하는 것보다 짖지 않도록 훈련시키는 게 제일 좋은 방법이며 따끔하게 타일러 주면서 '동물 식구' 나름의 규칙을 지키도록 한다면 애견 기르기에 별 어려움이 없을 것이다.

강아지 약 먹이는 방법

제가 아픈 것을 알아서 스스로 약을 먹는 개는 지구상에 단 한 마리도 없다. 그렇기 때문에 개 주인이 약 먹이는 방법을 잘 숙지해 둬야 애견의 장수가 보장된다.

알약(정제) 먹이는 방법
한 손으로 개의 윗입(턱)을 가볍게 누르며 개 머리를 위로 향하도록 하여 입을 가볍게 벌리고 다른 손에 들고 있는 정제를 손가락 끝에 쥐어 목구멍 깊숙히 집어넣은 다음 신속하게 입을 다물게 한

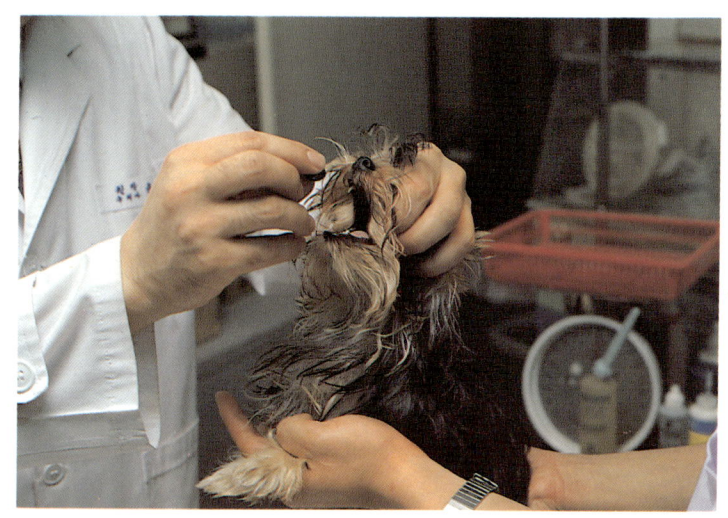

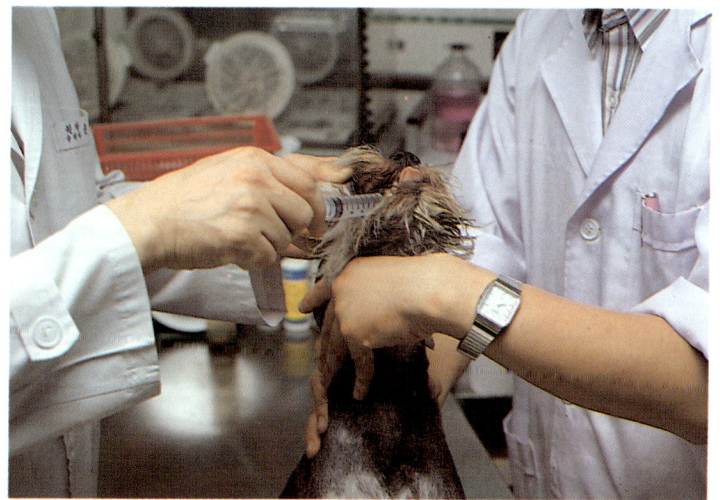

알약을 먹이는 방법 한 손으로는 개의 고개를 들고 다른 한 손으로 알약을 목구멍 깊숙히 집어넣은 다음 목을 쓰다듬는다. 요크셔테리어.(맨 위)

물약을 먹이는 방법 개의 고개를 들고 숟가락이나 주사기를 이용하여 주입하는데 기관지로 넘어가지 않게 천천히 먹인다. 슈나우저.(위)

뒤 목을 손으로 쓰다듬어 주면 된다.

이때는 개의 혀가 입 밖으로 날름거릴 때까지 기다려 줘야 정확하게 넘어감을 확인할 수 있게 된다.

가루약 먹이는 법

가루약도 역시 개의 고개를 45도 정도로 쳐들고 옆입술을 벌려 봉투와 같은 형태가 되게 하여 그곳에 준비된 가루약(찻숟가락에 담아서)을 넣은 뒤 입술을 비벼대면 된다. 이때도 역시 고개를 땅에 떨구게 하지 말아야 한다.

가루약을 치즈나 버터 등에 발라서 먹이는 방법 그리고 물에 섞어서 먹이는 방법 등도 있다.

물약 먹이는 방법

물약을 먹이는 방법에는 물약 그대로 먹이는 방법과 가루약을 물에 희석하여 먹이는 방법이 있다.

이 방법 역시 개의 고개를 들고 입을 벌리고 숟가락이나 주사기를 이용하여 입천장 또는 혀 위에다 주입하거나, 입을 벌리지 않고 고개를 쳐든 상태에서 옆입 속 이빨 사이에 주사기를 이용하여 먹이는 방법이 있다.

물약을 먹일 때는 물약이 일시에 목구멍으로 주입되어 기관지나 폐로 넘어갈 위험이 있으니 혀를 움직이는 것을 봐가며 천천히 먹여야 한다.

겔(gel)이나 연고 형태의 약 먹이는 방법

튜브에 들어 있는 약을 짜서 입에 직접 주입하는 방법, 개가 스스로 핥아먹는 방법 그리고 손가락 끝에 묻혀서 개의 코끝이나 윗입술에 발라 주는 방법이 있다.

체온 측정법

강아지의 정상적 체온은 38.5도이다.

만약 강아지의 열이 39.5도 이상이거나 36도 이하이면 즉시 동물병원으로 가야 한다.

강아지 체온을 측정하기 위해서는 직장 체온계를 사용해야 하는데(끝이 둥글고 직장에 손상을 주지 않는 체온계), 만약 직장 체온계가 없을 경우엔 인체용 체온계를 사용하면 된다.

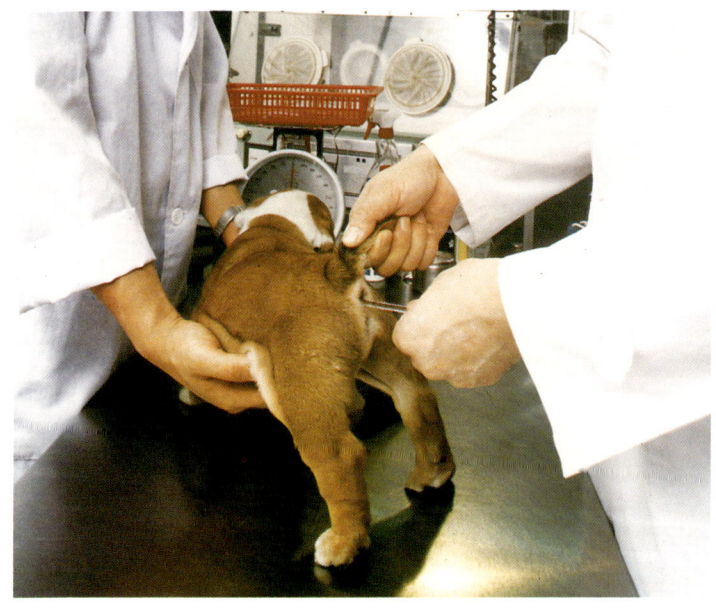

체온 측정법 강아지의 체온은 직장 체온계나 인체용 체온계를 사용하여 항문에다 주입해서 측정한다. 이때 체온계 끝에 오일이나 바셀린을 바르면 부드럽게 들어간다. 불독.

체온계 끝에 바셀린이나 오일을 발라 직장에 부드럽게 주입해줘야 하며 체온계를 삽입한 뒤는 강아지가 움직이면 체온계가 부서질 염려가 있으므로 한 사람이 따로 개의 머리를 잡아 주는 게 안전하다. 체온계를 항문에 넣은 다음 3분 뒤에 눈금을 읽으면 된다.

예방 접종 및 기생충 구제

사람처럼 개도 어렸을 때 예방 접종으로 평생 건강의 기틀을 닦아줘야 한다. 어떤 애견인은 1년 반이나 정든 진도개를 안락사시키고 애달파하는 경우도 있다. 그 주인은 중증의 신경형 디스템퍼(홍역)에 걸려 걷지도 못한 채 1주일 동안 죽어가는 진도개를 차마 그대로 두고 볼 수 없었던 것이다.

이같은 경우는 생후 1년 이내에 몇 차례 종합 백신 투여로 간단히 해결될 수 있었겠지만 병이 깊어진 뒤라면 사태는 엎지른 물이 되어 버린다.

강아지에게 맞춰야 할 접종약은 6, 7가지 정도이다. 약에 따라 접종 시기도 다르지만 어느 경우에나 반드시 수의사의 진단에 따라야 안전하다.

DHPPL(5종 종합 백신)

홍역, 전염성 간염, 렙토스피라, 파보바이러스성 장염, 파라인플루엔자 등 5가지 개의 질병을 한꺼번에 예방한다.

생후 45일경에 1차, 생후 10주와 14주에 다시 2, 3차 접종을 해주며 수의사의 진단에 따라 반드시 건강한 상태를 확인한 뒤 접종해야 한다.

사람과 마찬가지로 예방 주사를 맞은 뒤 미열이 오르는 등 면역

형성 기간이 필요하므로 접종 뒤 1주일 가량 목욕을 시키지 않고
보온과 영양 관리 등에 신경을 써야 한다.

켄넬코프 예방 주사(Kennel Cough)

만병의 근원인 감기 가운데 특히 독한 켄넬 감기를 예방해야 한
다. 켄넬 감기에 걸리면 눈 주위에 진물이 나고 고열 증상을 보이며
홍역 등 합병증에 쉽게 노출된다. DHPPL 3차 접종 1개월 뒤부터
1년에 한 번씩 접종해 줘야 한다.

코로나바이러스성 장염(Corona Virus)

이 병에 걸리면 파보바이러스성 장염과 유사한 증세인 혈변, 구
토, 식욕 부진 등으로 갑자기 죽게 된다. 예방 접종은 DHPPL 종합
백신 접종 뒤 3주 간격으로 두 번 정도 접종해 줘야 한다.

광견병 예방 주사(Rabies)

우리나라에 광견병이 없어졌다는 최근 모일간지의 보도는 오해
다. 증상은 없지만 위협은 아직도 실존하고 있기 때문에 정부에서도
1년에 봄, 가을 두 차례로 나눠 주사약을 공급, 시중 동물 병원에서
평소보다 저렴한 가격에 예방 접종을 권장 실시토록 하고 있다.

구충제

강아지를 구입한 뒤 집안 생활에 대한 적응이(2 내지 5일) 끝나
면 즉각 구충제를 투여해 줘야 한다. 가루약도 있지만 정제로 된
구충제를 사용하는 편이 낫다. 생후 21일경부터 시작, 하루 한 알씩
보름 간격으로 서너 번 투여해 준다.

생후 5, 6개월 이후엔 1, 2개월마다, 1년 이상 자란 성견은 2,
3개월마다 한 번씩 투여하면 충분하다.

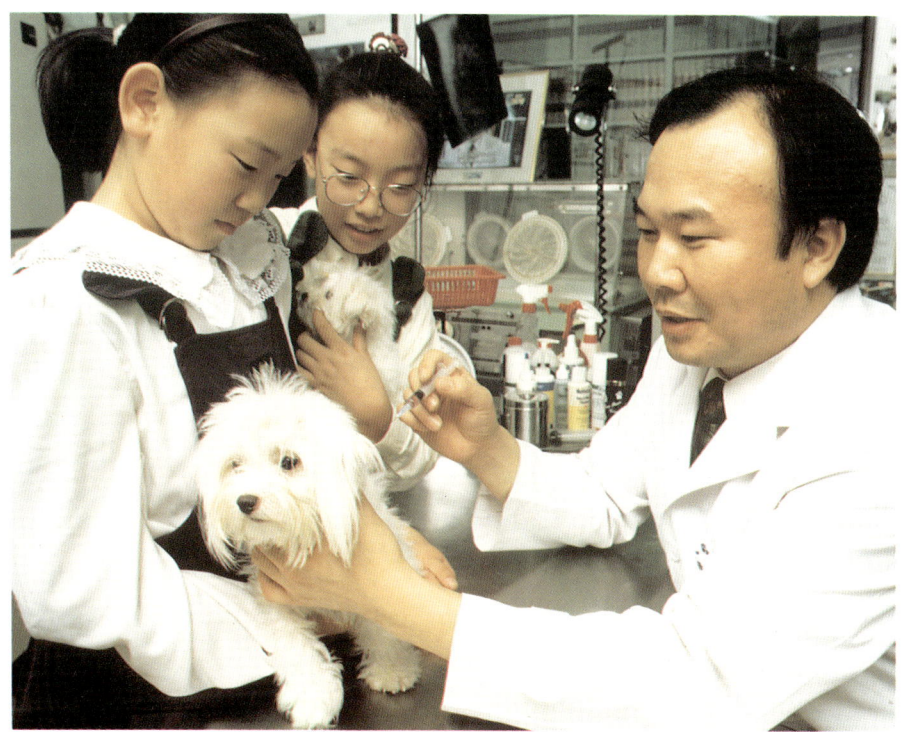

예방 접종 사람과 마찬가지로 강아지도 어렸을 때 기본적인 예방 접종을 꼭 해줘야 평생 건강의 기틀을 닦을 수 있다. 말티즈.

임신견의 경우엔 임신 4일, 임신 28일경에 투여하면 안전하나, 임신에 전혀 영향을 주지 않는 안전한 구충제(Penbendazole)도 있다.

인체용 구충제를 먹이는 것은 절대 금기 사항이며 더군다나 체중 500그램 이하의 여린 강아지에겐 독성이 강한 인체용 기생충 약은 말 그대로 '독약'이 되므로 구토, 설사는 예사며 심지어 죽음까지 초래하는 경우도 많다.

애견 약품 구입 요령

애견에 필요한 일반적인 약품은 주로 소화제, 설사약, 감기약, 영양제, 외상 치료제, 구충제, 귀 치료제 및 세척제, 눈에 필요한 안약 및 눈 세척제, 피부병 치료제, 피부병 예방 샴푸, 외부 기생충 구제 스프레이 및 프리벤틱 목걸이(preventic;진드기나 외부 기생충을 예방하는 목걸이), 피부에 관한 복용약 등이 있다. 또한 임신견에 복용하는 칼슘제제(Calcidelice)도 있다.

이러한 약품을 구입할 때는 반드시 동물 병원이나 퇴계로 애견 전문 약품상에서 구입하면 된다.

애견에 필요한 약품은 반드시 애견 전용 약품을 먹여야만 정확하고 안전하다. 인체용 약이나 다른 동물용 약품을 함부로 쓰는 것은 위험스러운 일이므로 약물 투약에 관한 사항은 애견 전문 수의사와 반드시 상의해야 한다.

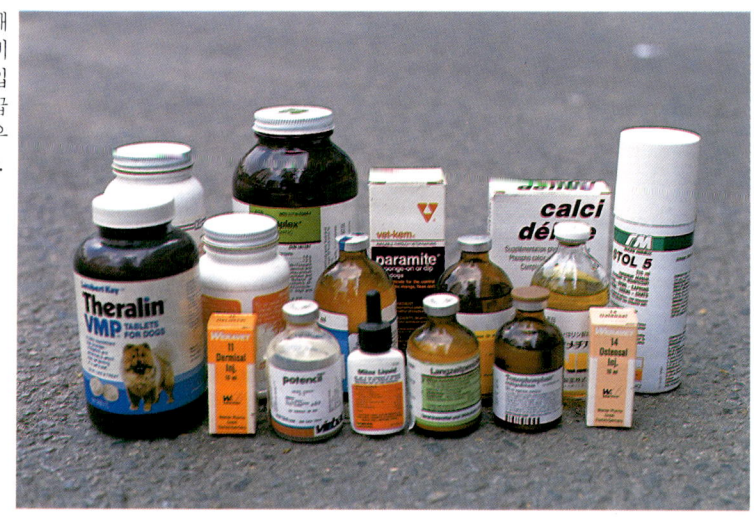

애견 약품 개 전용 가정 상비약을 미리 구입해 두면 응급 처치 때 많은 도움이 된다.

애견 용품 구입 요령

애견 용품은 종류도 다양하지만 가격도 비싸서 어디서 구입할 것인지 망설이게 된다.

믿을 만한 애견 전문 백화점 등에서 구입하면 시중에서 판매되고 있는 가격보다 훨씬 저렴한 가격에 구입할 수가 있다.

샴푸, 린스

모발 관리와 피부를 보호해 주는 샴푸와 린스가 있다.

인체용 샴푸와 린스, 비누, 심지어는 주방용 세제를 사용하기도 하지만 접촉성 피부염(습진) 등 탈모의 원인이 되므로 절대 금물이다. 개 전용 샴푸라 하더라도 5일 내지 1주일에 한 번 정도 사용하는 게 적당하다.

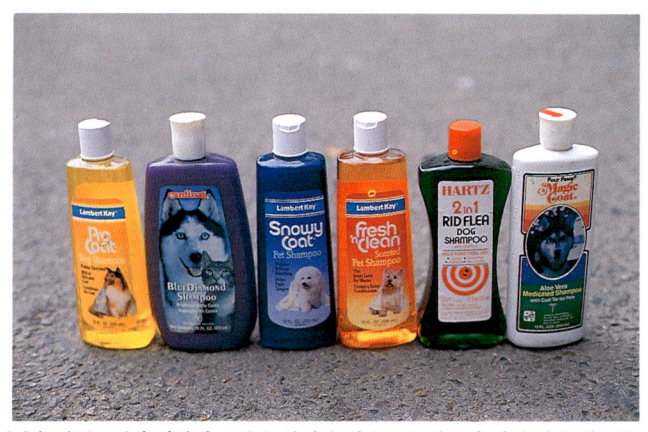

애견용 샴푸 개와 사람의 모발은 차이가 있으므로 반드시 애견 전용 샴푸를 사용해야 한다.

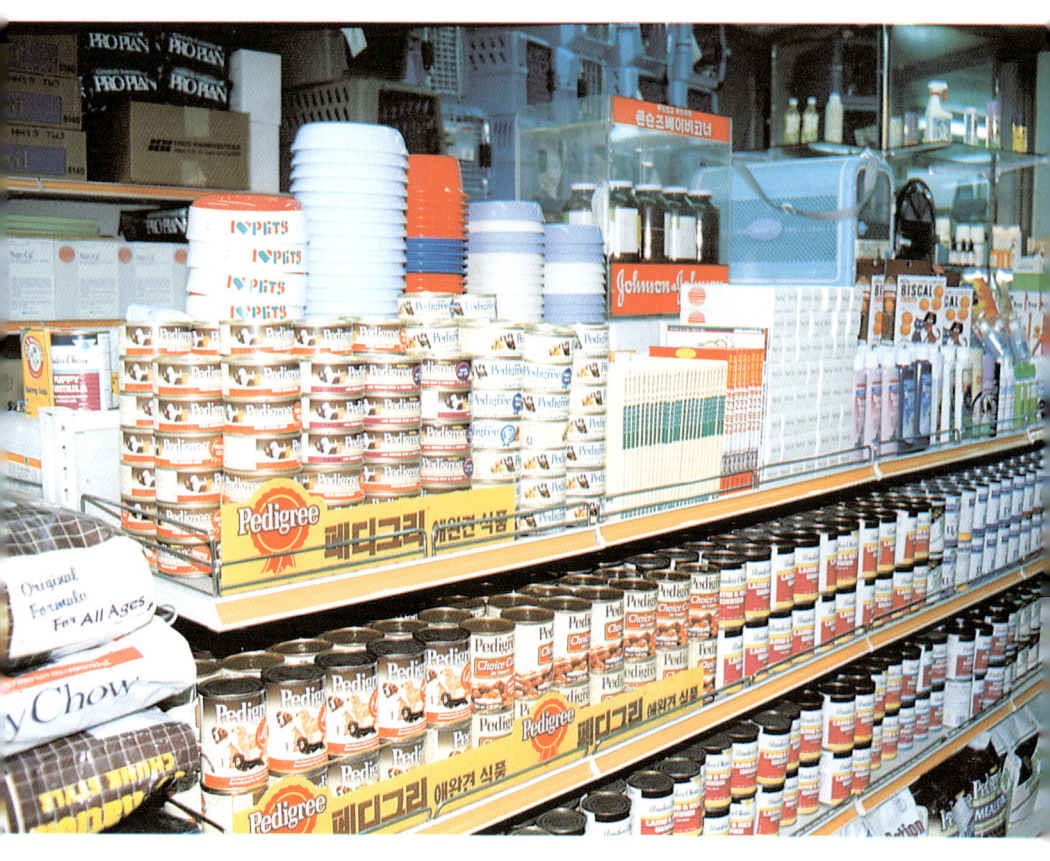

각종 애견 용품 개에 필요한 용품은 아주 다양하고 가격 또한 비싸므로 애견 전문
백화점을 이용하면 저렴한 가격에 구입할 수 있다.

30 애견 구입 뒤 알아야 할 일들

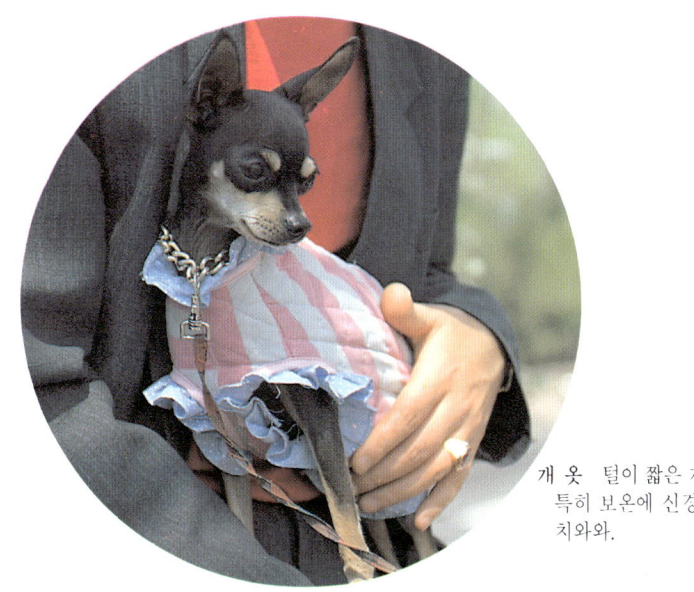

개 옷 털이 짧은 개는 옷을 입혀 특히 보온에 신경을 써야 한다. 치와와.

옷

치와와나 미니어처핀셔 등 털이 짧은 단모종 개들은 유난히 추위를 타기 때문에 겨울철엔 실내에서도 보온용 옷을 입혀 주는 게 안전하다. 개가 추위를 타기 시작하면 활동성이 떨어짐은 물론 감기에도 쉽게 노출된다.

애견 팬티

보통 6개월에 한 번씩 발정이 와서 열흘 이상 출혈을 하는 암캐의 청결 유지뿐만 아니라 대소변을 못 가리는 생후 6개월 이내의 개에게도 긴요하게 사용할 수 있다.

실내에서 기를 경우 분비물로 이불이나 옷이 얼룩지는 낭패를 막아 주며 실외에서 기를 때는 발정한 암캐의 이웃집 개와의 사통(私通)도 방지해 준다.

기타 애견 용품

이 밖에도 털 관리에 적당한 빗과 브러시, 귀 닦아 주는 약, 냄새를 제거하는 향수와 비스킷 형태로 되어 변냄새나 체취를 '원천 봉쇄'하는 비스칼, 대소변 유도제, 변기, 눈물 자욱 지우는 약, 고기 스낵, 개껌, 개 목줄, 끈, 개집, 개 방석, 개 신발, 머리에 매달아 주는 리본, 장난감, 강아지 젖병, 분유, 발톱깎이, 치약, 칫솔, 입에서 나는 악취를 제거하는 구강 스프레이, 애견용 사료(건조 사료, 깡통 사료) 등 다양하다.

사료 구입 요령

애견용 사료 시장의 개방에 따라 우리나라에도 애견용 사료가 홍수처럼 유입되고 있다.

많은 사람들이 내심 묻길 '왜 우리나라에서는 애견용 사료를 제대로 생산치 못하는가?'라고 생각하지만 해답은 간단하다.

외국에는 거대한 애견 시장은 물론 고기 부산물 등 사료의 원료가 무척 저렴하다는 점이다. 그래서 가격 경쟁에서도 도저히 비교가 되지 않을 뿐더러 기술 또한 상당한 수준 차이가 있음은 부인할 수 없는 입장이다. 우리의 이웃인 일본 같은 경제 대국도 사료의 부산물이 저렴한 미국, 호주 등에서 주로 수입 의존하는 형편이다.

그러면 어떠한 사료를 선택해야 하는가? 어린 강아지에게는 어린 강아지 전용 사료를 먹여야 빨리 성장할 수 있다. 그러나 성견에게 어린 강아지용 사료를 먹이게 된다면 성견의 비만증은 물론 정상적인 상태를 유지하기 곤란하다. 그리고 사료가 맛에만 너무 치우치면 안 된다.

대부분 맛이 좋은 사료는 지방분이 높고, 입맛을 당기게 하는

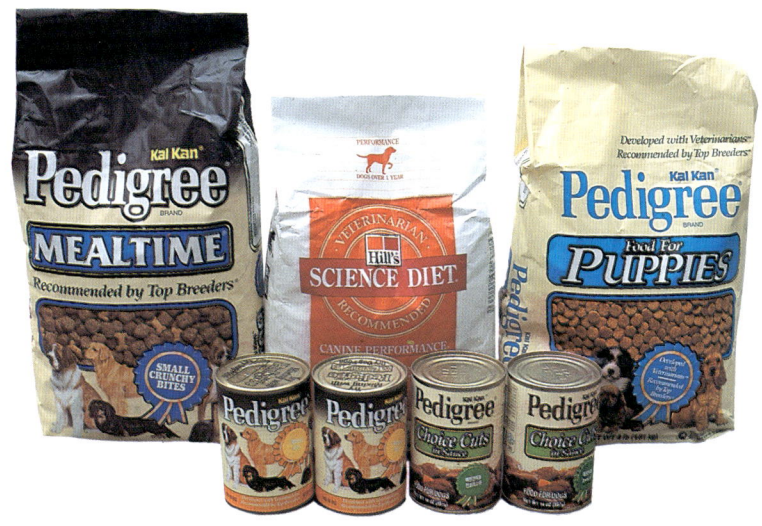

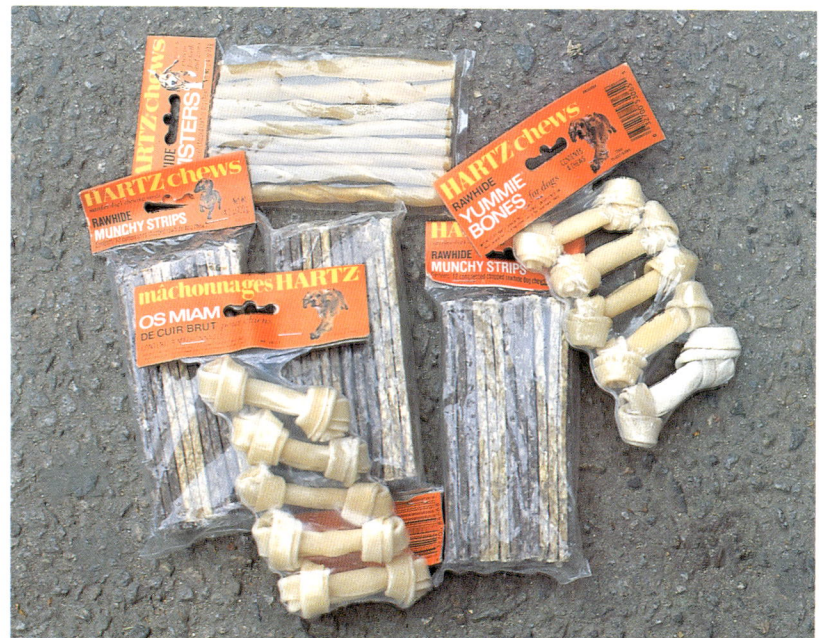

애견용 사료(맨 위)와 개껌(위)

개의 사료는 너무 맛에만 치우치면 비만 등 체내의 균형을 깰 우려가 있으므로 적절한 선택이 중요하다.

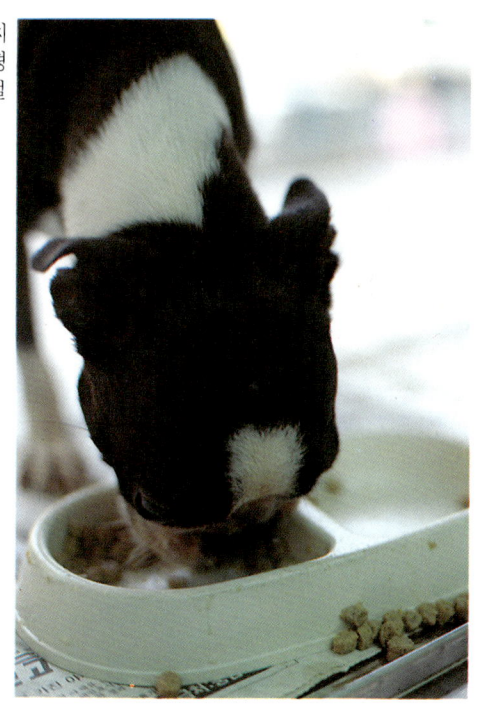

특유의 성분을 가미하는 경우가 많기 때문에 비만 등 체내의 균형을 깰 우려가 되므로 잘 먹는다고 해서 반드시 좋은 사료는 아니다. 그러니 아무리 영양분이 골고루 들어 있다 하여도 개가 먹지 않는다면 이것 또한 좋은 사료라고 할 수 없다. 그러면 어떤 사료들이 좋은 사료라고 할 수 있을까?

우리나라에 나와 있는 우량 사료로는 페디그리(pedigree;밀타임, 퍼피푸드, 깡통 사료 등), 퓨리나(퍼피차우, 프로플랜 등), 힐스(Hill's;수의사 처방식 사료), 제로니, 아보(피부 모질 개선 특효), 로얄캐닌, ANF, 내추럴월드 등이 시판되고 있다. 사료 선택 역시 개의 건강에 직결되기 때문에 신중을 기해야 할 중대사이다.

응급 처치 및 일반 상식

상처받은 강아지 접근법

아무리 우호적인 애견이라 할지라도 손상을 받게 되면 공포심과 통증 때문에 사람을 물 수가 있다. 그러므로 접근할 때에는 조용하게 애정을 확인시킬 수 있는 말로써 서서히 접근해야 한다.

30센티미터 정도 앞에서 강아지의 이름을 부르면서 몸을 가까이 굽혀 점차 가까이 접근하되 만일 공격적 반응을 보이면 몇 분 동안 다시 반복적으로 말을 해주며 만약 성공하지 못하면 별 수 없이 힘을 사용해야 한다. 이때는 수건이나 옷감 등으로 개의 얼굴을 가린 뒤 목 부위를 양손으로 꼭 잡아야 한다.

보정할 때는 호흡을 유지할 수 있도록 편안하게 해줘야 하며 체온과 맥박, 심박동수를 체크한다.

만일 호흡이 안 되면 인공 호흡을 실시해야 하며 출혈할 때는 지혈해 주고 중독 증상도 체크하며, 쇼크에 대한 처치 및 골절 여부도 확인한다.

상처받은 강아지 다루는 법

　편안하고 부드럽게 다루어야 하며 물을 염려가 있기 때문에 입을 묶어 줘야 한다. 묶는 요령은 비닐끈이나 넥타이, 붕대 등을 주둥이에 가볍게 묶어 아래턱 부분에서 교차하여 머리 뒷부분에서 매듭을 해준다. 만약 강아지가 구토를 하려 하거나 호흡 곤란 증세가 보이면 신속히 끈을 풀어 주어야 한다.

　주둥이가 짧은 개는 묶기가 힘들기 때문에 큰 수건을 사용하여 귀 부분을 덮어 안전하게 보정해야 한다.

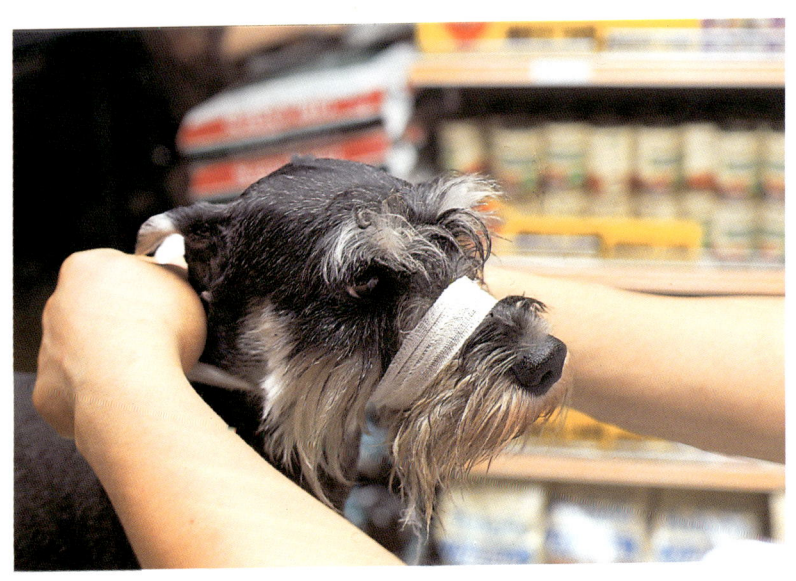

응급 처치 때의 입 묶는 법　강아지가 상처를 받았을 때는 우선 입부터 묶어야 물을 염려가 없다. 붕대나 넥타이, 수건 등을 이용하여 가볍게 묶어 머리 뒷부분에서 매듭을 짓는다. 슈나우저.

인공 호흡

잇몸이 파랗게 되고 호흡 곤란이 오면서 침울해지고 허탈 상태를 보이면 인공 호흡을 실시해야 한다.

인공 호흡에 앞서 반드시 맥박을 재야 하며 만일 맥박을 느끼지 못하면 심폐 인공 호흡법을 해줘야 한다.

입을 강아지의 입에 대고 공기를 불어 넣은 다음 입을 떼고 강아지의 흉부가 가라앉은 다음 다시 반복한다. 동물 병원에 도착할 때까지 분당 15회 정도 계속 실시해야 하며 인공 호흡중에 맥박을 다시 재야 된다. 만일 강아지가 심박동과 맥박이 멈추고 호흡을 하지 않는다면 이는 생명을 위협하는 상황임을 인식해야 한다. 인공 호흡 횟수는 분당 20회이며 심장을 마사지하면서 실시한다.

마사지 요령

한 손을 개의 가슴에 대고 그 손 위에 왼손을 겹쳐 대어 실시하며 분당 60회 정도 실시한다. 이때 늑골을 부러뜨리지 않도록 주의해야 하는데 이것은 늑골 손상이 있으면 부러진 늑골에 의해 장기에 손상을 입힐 수 있기 때문이다.

심장 박동이 시작되면 마사지를 멈추고 인공 호흡만 실시한다.

쇼크 처치

쇼크는 강아지의 심각한 변화와 심한 출혈, 외상, 체액 상실(구토, 설사, 화상), 심장 이상, 호흡 곤란에 의해 발생된다. 만일 곧바로 치유되지 못하면 쇼크 상태 복구가 힘들어 죽음에 이를 수도 있다.

증상은 1. 창백하거나 진흙색의 잇몸 2. 약하고 빠른 맥박 3. 호흡

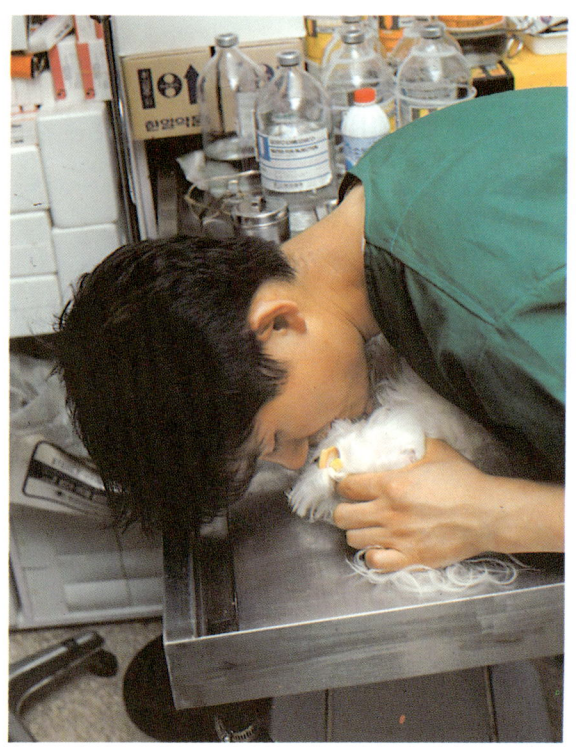

인공 호흡 강아지의 입에 공기를 불어 넣은 다음 입을 떼고 강아지의 흉부가 가라앉으면 다시 반복한다. 말티즈.

곤란 4. 체온 저하(35도 이하), 피부 및 다리가 차게 느껴진다.

쇼크 때는 곧바로 수의사에게 도움을 요청해야 한다. 조심해서 동물 병원으로 옮겨야 하며 만일 개가 무의식 상태라면 머리 부위를 몸체보다 낮게 해서 옮겨야 한다. 가능하면 병원에 미리 연락해 병원측이 준비할 수 있는 시간을 주는 것도 좋은 방법이다. 대량의 수액과 스테로이드(Steroid) 그리고 산소가 개의 생명을 구하는 데 필요하다.

손상받은 개는 빠른 운반이나 심한 회전 등으로 인해 쇼크 상태를 다시 악화시킬 우려가 있기 때문에 조심스럽게 다루어야 한다.

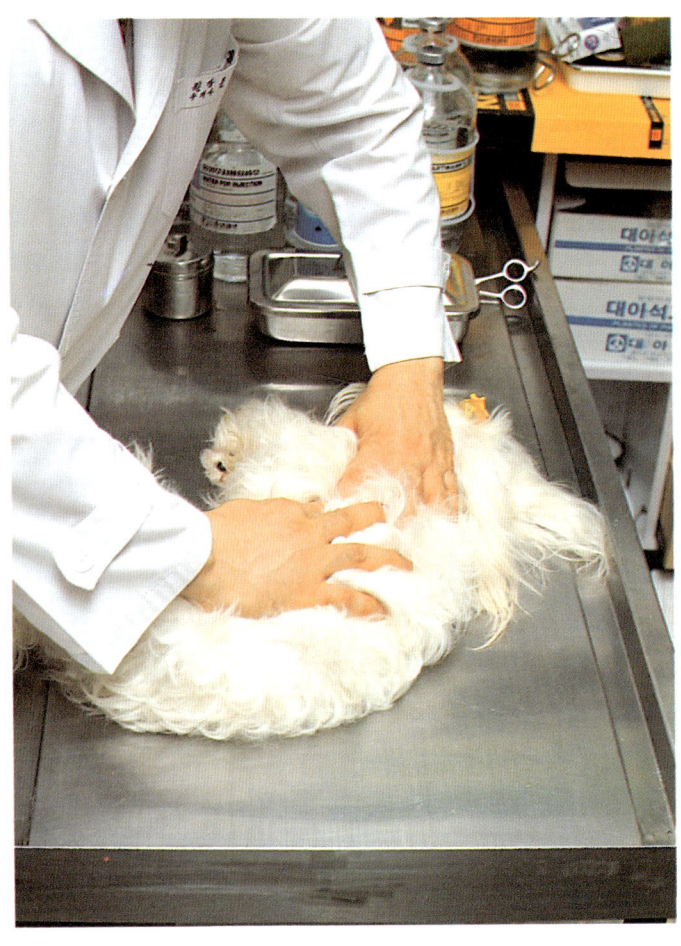

응급 처치 때의 마사지 한 손을 개의 가슴에 대고 그 손 위에 왼손을 겹쳐 대어 실시한다. 이때 늑골에 손상이 가지 않게 해주며 분당 60회 정도 실시한다. 말티즈.

손상받은 개 운반법

　중형이나 소형견들은 왼팔로 흉부를 받쳐 주고, 오른팔로 안고 이동하면 된다.

　대형견의 경우엔 한 손은 흉부를 받치고 다른 손은 복부를 받쳐야 한다.

　쇼크 상태이면 빠르게 움직이는 것은 상태를 더욱 악화시킬 우려가 있으므로 주의해야 한다.

　사지가 굳어지는 마비 증세가 있을 때는 매트리스, 옷, 담요 등으로 따뜻하게 싸서 안고 운반하는 것이 좋다.

손상받은 개의 운반　강아지가 불편을 느끼지 않도록 편안하게 움직인다. 아메리칸코커스패니엘.

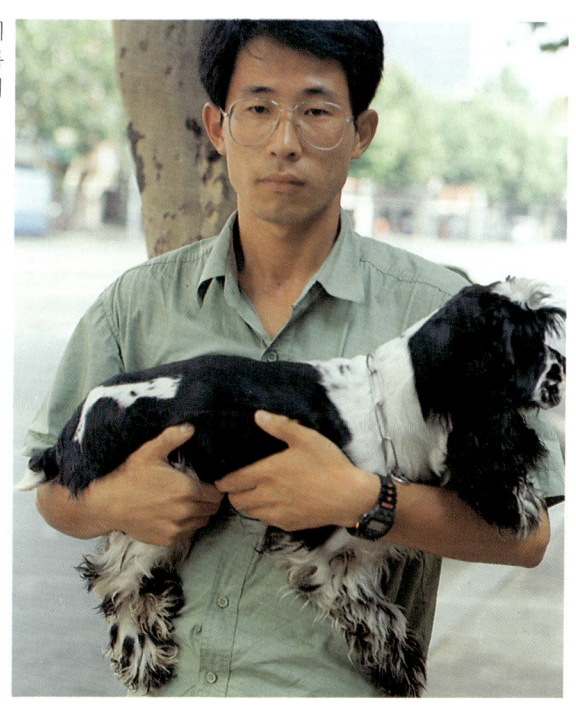

독극물 섭취 때 응급 처치

호기심이 많은 때 어린 강아지는 집 주위나 쓰레기에서 이것저것 마구 집어먹고 탈이 난다.

독극물을 섭취했을 땐 신속히 수의사에게 데려가야 하는데 독극물과 토해 낸 물질을 가져가면 치료에 큰 도움이 된다.

집에서 우선 응급 처치를 할 경우에는 독극물 내용에 상관없이 계란 흰자, 산화마그네슘 현탁액(Milk of Magnesia), 우유 등을 먹여 준다.

구토를 시키는 방법으로는 3퍼센트 과산화수소와 물을 1:1 비율로 섞어 15시시(cc) 정도 투여해 주며 이 밖에 소금을 먹이는 방법도 있다.

약물 중독도·여러 가지이며 그에 따른 치료법도 약간씩 다르기 때문에 전문 수의사를 찾는 것이 상책이다.

예방은 주의가 요구되는 모든 것들은 높이 두고 부동액, 사람이 먹는 약들도 주의해야 한다.

미용(Grooming)

미용이란 털 손질, 목욕하기, 발톱깎기, 귀 청소 그리고 치아 관리를 말한다.

털 손질

개의 털 모양이나 길이에 따라 빗이나 브러시를 선택한다.

일반적으로 단모종은 1주일에 두세 번 정도 빗어 줘야 하며 끝이 둥근 빗으로 피부에 자극이 없도록 빗어 줘야 한다.

장모종의 경우는 목욕 전에 먼저 털을 빗어 줘야 하며 평소 잘 빗어 주지 않은 개는 귀 뒤쪽과 엉덩이 뒷다리 쪽의 털이 엉키기 쉽다.

엉킨 털을 풀 때는 천천히 가능한 한 털이 많이 빠지지 않도록 해줘야 한다. 평소에 규칙적인 털 관리가 중요하다. 빗질은 강아지가 어릴 때부터 부드럽게 해줘야 하며 가위질은 발바닥털로 인해 미끄러질 위험이 있거나 엉덩이의 털을 자르지 않아 항문 주위에 똥이 묻어 지저분할 경우 그리고 털이 부분적으로 보기 싫게 자라나 있을 때 해줘야 한다.

목욕

강아지도 사람처럼 목욕이 필요하다. 왜냐하면 강아지의 혀만 가지고는 적당한 세탁 기구가 되지 못하기 때문이다.

목욕 횟수는 5 내지 7일에 한 번 정도가 적당하다. 너무 어린 강아지의 목욕은 금물이며 생후 7주령부터 목욕을 시작, 규칙적인 목욕을 시켜 익숙해지도록 해줘야 한다.

가장 좋은 목욕 방법은 강아지를 편안하게 그리고 게임을 하듯이 즐겁게 하는 것이다. 더운 날씨에는 야외에서 목욕을 시키는 것도 무방하며 조용한 곳에서 천천히 해주는 것이 일을 쉽게 치르는 비결이다.

목욕 요령은 먼저 털이 완전히 물에 젖게 한 뒤 샴푸를 사용하며 눈 밑이나 발, 입 등 쉽게 지저분해지는 부분을 중점적으로 닦아 준다. 귓속에 물이 들어갈 것을 대비하여 솜을 끼워 넣거나 그냥 목욕시킨 뒤 면봉으로 물기를 제거해야 한다.

목욕이 끝나면 마른 수건으로 완전히 닦은 뒤 브러시로 털을 빗어 주며 드라이어로 말려 주면 된다.

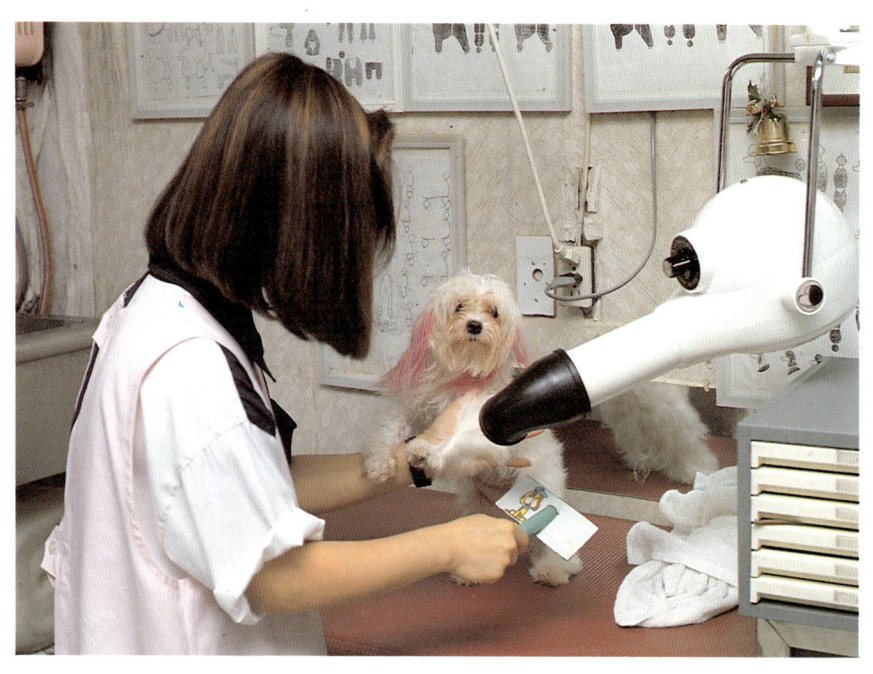

애견 미용 개의 털 손질, 목욕, 발톱깎기, 귀 청소, 치아 관리 등을 포함하는 미용은 애견 기르기에 있어 필수적이다. 사진은 귀를 분홍색으로 염색한 말티즈를 목욕시킨 뒤 빗질을 하면서 헤어드라이어로 말려 주고 있다.

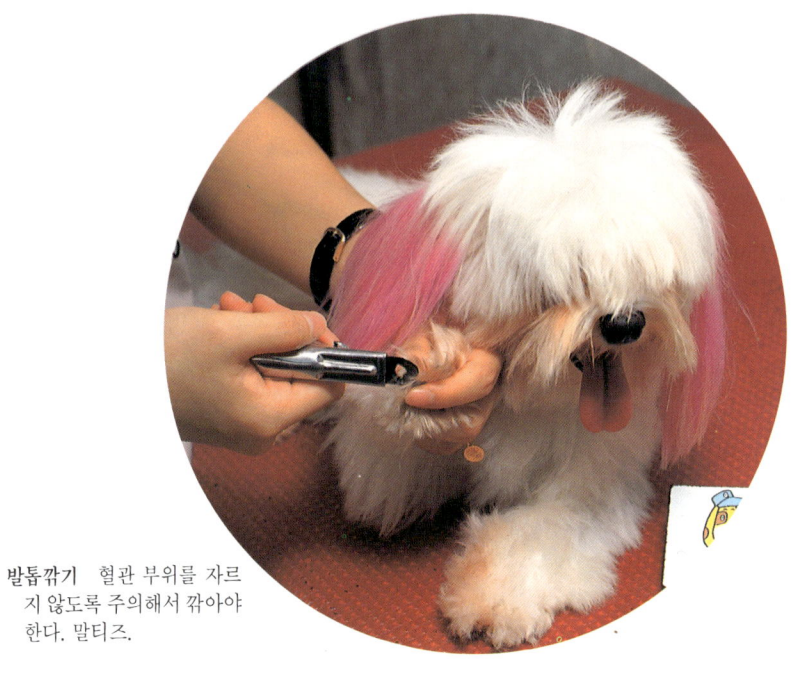

발톱깎기 혈관 부위를 자르
지 않도록 주의해서 깎아야
한다. 말티즈.

발톱깎기

발톱깎기는 생후 45일경부터 시작하며, 운동을 많이 하는 강아지
는 콘크리트나 아스팔트 바닥에 발톱이 닳기 때문에 깎아 줄 필요가
없다.

발톱을 깎아 주면 사람 옷이나 카펫 등에 걸려 넘어져 외상이나
골절될 위험 제거는 물론 불안하게 서 있는 자세도 교정된다. 엄지
발톱 또한 바닥에 닿지 않으므로 자주 깎아 주어야 한다.

발톱을 깎을 때는 혈관이 분포되어 있는 빨간 부분의 앞쪽을 깎아
줘야 한다. 너무 짧게 자르다 보면 혈관 부위를 잘라 출혈이 되는
수가 있는데 이때는 질산은(Silver Nitrate)과 같은 지혈제를 사용하
면 금방 지혈된다.

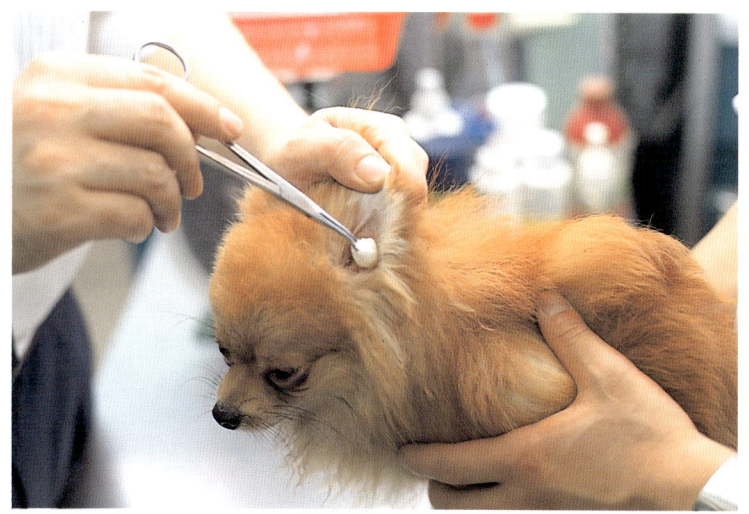

귀 청소 귓속에 있는 이물질을 애견 전용 귀약으로 5일에 한 번씩 닦아 주어야 한다. 포메라니안.

귀 청소

많은 사람들이 개의 냄새가 털에서 난다고 생각하나 이는 잘못 알고 있는 것이다. 개의 냄새는 주로 귀나 입에서 난다.

귓속에는 이어 마이트(Ear Mite)라는 벌레가 살며 귀를 몹시 가렵게 할 뿐만 아니라 분비물을 배설하여 귀 안이 습윤하고 불결해지며 염증을 동반하기도 하며 심한 냄새가 난다. 그래서 이를 예방하기 위하여 과산화수소 등을 사용하기도 하며 귀에 전용으로 사용하는 이어 클린(Ear Clean), 이어 마이트 컨트롤(Ear Mite Control) 등으로 5일 간격으로 한 번씩 귀를 깨끗이 닦아 주면 귓속에 있는 벌레 구제는 물론, 보다 확실한 귀 청소 방법이 된다.

귀를 닦아 줄 때는 면봉에 약을 묻혀 귀 내면의 유연한 조직이 손상되지 않도록 조심스럽게 깊숙히 닦아 주면 된다.

귀털이 너무 많으면 귓속에 공기 순환이 잘 되지 않아 염증을 일으킬 수 있으므로 의료기(포셉)를 사용하여 깨끗이 뽑아 준다. 귀털을 뽑아 준 뒤엔 항생제 연고를 발라 주면 염증 예방에 더욱 좋다.

치아 관리

'튼튼한 이는 오복 가운데 하나'이다. 이 말은 사람뿐 아니라 개도 마찬가지이다.

영양 부족 등으로 제때 이갈이를 못한 개에게서는 심한 냄새가 난다든지 치주염, 소화 불량 등으로까지 발전해 애견의 장수에 지장을 준다.

강아지가 이갈이를 시작하는 시기는 보통 생후 4, 5개월경부터이다. 문치(앞니)부터 빠지고 새로 나오는데 생후 5, 6개월까지는 영구치(위;10×2, 아래;11×2)로 완전히 교체된다. 이 시기에 유치가 안 빠지면 영구치와 같이 '덧니' 형태로 남아 두고두고 골칫거리

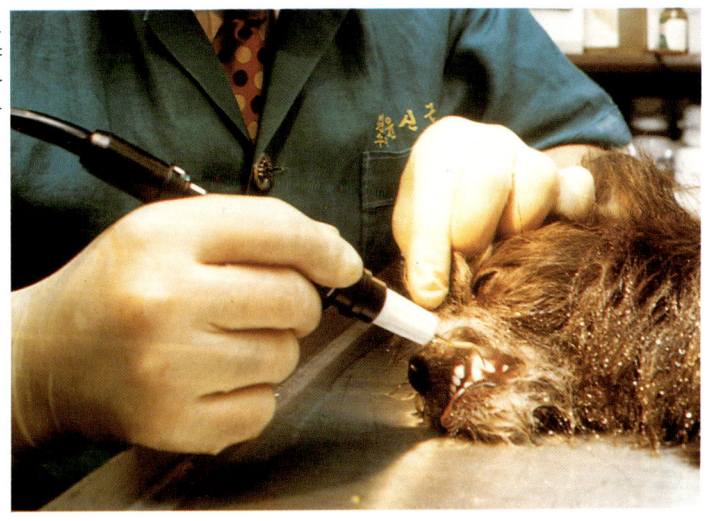

치석 제거 이에 생긴 치석을 제거해야 악취는 물론 이가 썩는 것을 막을 수 있다.

가 된다.

아무리 예쁜 강아지일지라도 구취가 심하면 곤란한 일이다. 더구나 유치에 찌꺼기 등이 쌓여 썩는 상태를 그대로 방치해 둘 경우 5살도 채 안 돼 이빨이 다 빠져 잇몸으로만 버티는 안타까운 지경에 이르기도 한다. 따라서 사람처럼 평소의 칫솔질과 정기적인 치석 제거 등 애견의 치아 관리가 필수적이다.

치아 관리의 기본 용품으로는 개 칫솔과 개 치약 사용이 가장 일반적인데 횟수는 많을수록 좋다.

이 밖에 간편하게 뿜어 줄 수 있는 구강 스프레이, 치아 운동용 끈, 개껌 등 보조 용품도 있다.

충무로 애견 종합 백화점의 경우 이같은 치아 관리용 도구의 수요가 하루 수십 건에 이를 만큼 최근 우리나라에서도 개 '양치질'이 일상화되고 있는 추세이다.

치석이나 썩은 이, 유치 제거 등 필요에 따라서는 약간 경비가 들더라도 수의사에게 적절한 처리를 의뢰해야 한다. 간단한 치석 제거라 할지라도 이를 '고맙게' 참는 개는 지구상에 한 마리도 없다. 자기를 해치는 행위로 여겨 마구 물어뜯는 등 적대감을 드러내기 때문에 전신 마취 등의 '외과적' 방법이 동원되고 따라서 값도 비싸진다.

결국 강아지 때부터 하루 두세 번 정도 평소에 건강한 치아 관리를 해주는 게 가장 안전한데 어느 경우에나 사람이 쓰는 치약, 스프레이 등을 사용하는 것은 절대 금물이다.

개 스스로 알아서 치약 따위를 뱉는 개 역시 지구상에 단 한마리도 없기 때문이다. 개는 어디까지나 개이고 애견의 치아 관리에 관한 한 주인이 부지런해지는 수밖에 없다.

성형 수술

그레이트데인과 도베르만핀셔 등 대형견은 원래 체구부터가 큼직하지만 사실 잘 뜯어보면 그 위풍당당함의 '비밀'은 상당 부분 귀에서 비롯된다. 앞부분을 향해 뾰족하게 선 반듯한 귀 모양은 '견공'의 풍채를 돋보이게 해준다.

개가 성장하면서 품종과 체형에 따라 귀를 잘라 주는 일도 애견 생활의 필수다. 멋진 귀는 개의 품위를 더해 주는 반면 아무리 품종이 좋더라도 귀가 축 처지거나 잘못 단이(斷耳)를 했을 경우엔 우선 외관부터가 초라하다. 도베르만핀셔 등은 특히 귀 때문에 귀공자가 될 수도, 자칫 꼴불견으로 느껴질 수도 있을 만큼 매력 포인트의 대부분이 귀에 있다.

그렇다고 아무 개나 무작정 잘라 주는 것은 금물이다. 전통적인 애견 '심미안'으로 그레이트데인, 도베르만핀셔, 복서, 미니어처핀셔, 슈나우저, 핏불테리어와 보스턴테리어 등만 잘라 준다. 이 밖에 요크셔테리어 등 개에 따라 유난히 귀가 축 처져 별 수 없이 칼을 대는 예가 있지만 드문 경우이다.

귀 자르는 적당한 시기는 연골 조직 발달이 잘 된 생후 8주 내지 14주 사이가 좋다. 이 시기에 잘라 주면 출혈과 통증이 적고 회복이 빨라 마무리 모양새도 깨끗하다. 이 시기를 놓쳐 너무 늦게 자르면 개가 심한 통증을 느낄 뿐더러 부작용이 우려되는데 심지어 늦은 수술을 감행하다 개가 죽는 경우까지 있다.

단이 수술은 그냥 자르는 것이 아니고 개의 체형과 수의학적 견지에서 전문 지식이 필요하므로 동물 병원에 맡겨야 한다.

개의 회복을 고려해 건강할 때 시술해야 안전하며 그레이트데인 등은 자른 뒤에도 1개월 가량 반창고나 보정틀 등을 이용해서 반듯하게 설 수 있도록 뒷처리를 해줘야 모양이 제대로 난다.

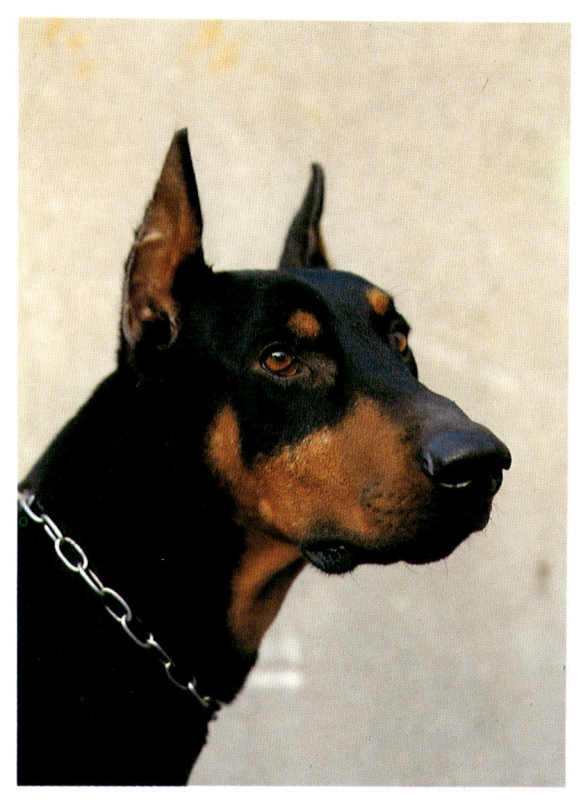

단이 수술한 개 개의 개성이나 특성에 따라 귀를 예쁘게 수술해 주면 보기에 아름다우
나, 이때는 무작정 자르는 것이 아니고 개의 체형과 수의학적 견지에서 잘라야 하므
로 전문가에게 의뢰해야 한다. 도베르만핀셔.

애견 호텔

미국이나 유럽 등지에서 흔히 볼 수 있는 애견 호텔이 우리나라에서도 성업중이다.

애견 인구의 증가 추세와 함께 여름철 바캉스 여행, 해외 여행, 집안의 애경사, 지방 출장 등으로 개를 당분간 사육치 못할 경우 애견을 돌봐 주는 애견 호텔은 갈수록 인기를 모을 전망이다. 국내 애견 호텔 제1호인 퇴계로 소재 애견 종합 병원은 에어컨과 독립 위탁 시설을 갖추고 애견 고객 관리로 좋은 반응을 얻고 있다.

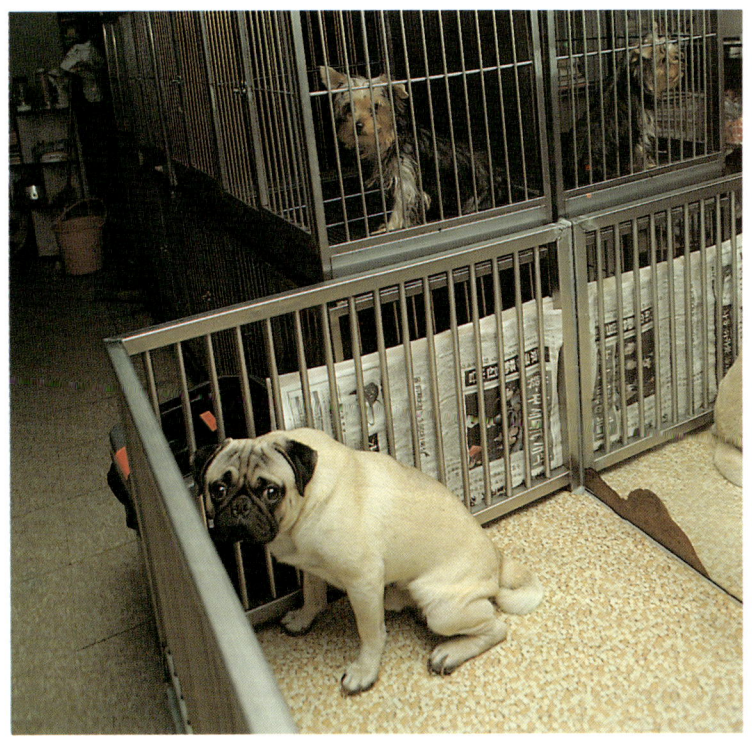

애견 호텔 이용 금액은 보통 1마리당 하루에 1 내지 3만원선이다. 스테인리스로 짜여진 고급 개장에 고단백, 고칼로리의 식사, 적당한 운동, 목욕 등 건강 관리 일체를 보장하고 있다.

혈통이 좋고 고급견인 경우는 특별 서비스가 필요하므로 숙박비도 더 높다. 애견 호텔의 주 고객은 푸들, 치와와, 말티즈, 포메라니안 등 소형견이 대부분이다.

애견을 위탁하고 싶은 애견가는 호텔을 직접 찾아가 시설을 둘러보고 애견의 식사 습관, 식사량, 예방 접종 여부 등 사육 정보를 호텔측에 알려 준 뒤 맡기면 된다.

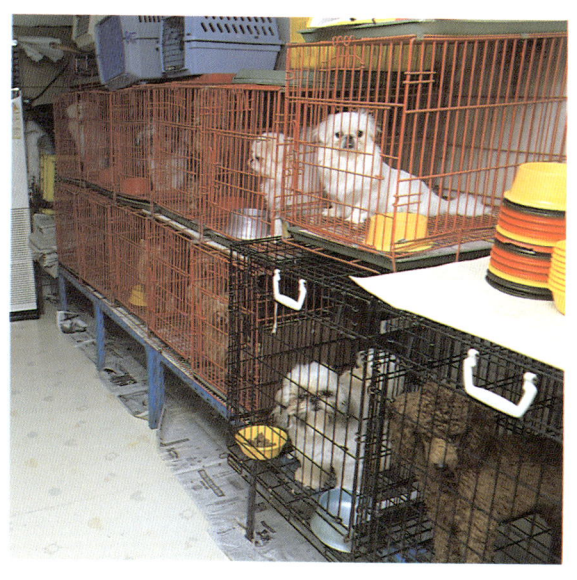

애견 호텔 출장이나 여행 등 개를 사육치 못할 경우에는 개를 돌봐 주는 애견 호텔을 이용하면 된다. 스테인리스로 짜여진 개집에서 건강 관리 일체를 보장해 주고 있어 호응이 높다.(옆면, 위)

질병 예방과 대책

식욕 부진

개도 사람과 마찬가지로 기분 좋은 날이 있고, 기분 나쁜 날이 있다.

만일 개가 활발하고 어디 아픈 것 같지는 않아 보이는데 하루이틀 먹지 않는다면 크게 걱정할 필요는 없다. 그러나 식욕 부진의 대부분은 질병 초기에 나타난다는 점을 명심해야 한다.

일단 식욕 부진 증상을 보이면 개의 열(정상 체온 38.5도 내지 39.5도)을 재보아야 한다. 만약 열이 높으면 질병으로 간주하여 수의사를 찾아 치료를 하면 된다. 그리고 항문 주위를 살펴보아 설사는 하지 않나 알아보아야 한다.

설사를 하는 장염 초기 증상의 개는 겉으로는 건강해 보이나 하루이틀 사이에 급성 장염으로 되어 생명에 위험이 따른다.

화상

대부분의 개 화상은 뜨거운 물이나 기름, 전선을 물어뜯었을 때 주로 발생한다.

몸 전체에 15퍼센트 이하만 화상을 입었다면 쉽게 회복을 기대할 수 있으나 50퍼센트 이상의 화상을 입었다면 회복이 불가능하다.

1도 화상　겉 피부만 손상되어 피부가 빨갛게 되고(피부 발적) 가벼운 통증도 온다. 1도 화상의 경우는 털을 제거하고 찬물로 환부를 깨끗이 씻어 준다. 화상 부위를 말린 뒤 멸균 거즈를 덮어 준다. 연고는 사용하지 말고 얼음 주머니를 얹어 주면 된다.

2도 화상　심한 부종과 피부 발적, 통증, 괴사 조직이 생기며 치유가 늦어진다. 그리고 심한 체액 상실이 발생된다.

3도 화상　화상 상태가 아주 심하며 개털이 완전히 없고 검게 탄 피부가 드러난다. 모든 피부층이 파괴되고 체액 손상과 감염 기회가 많다. 그러나 신경이 파괴되어 통증은 없다. 만일 피부 이식 수술이 시행되지 않으면 치유가 매우 늦다.

2, 3도 화상은 즉시 수의사에게 데려가야 하며 화상 부위를 솜으로 덮지 말고 멸균 거즈로 덮은 뒤 쇼크에 유의하며 데려간다.

전선을 물어뜯은 개는 주로 입술, 혀, 잇몸에 화상을 입게 된다. 감전 때 폐수종이나 심장에 이상이 없다면 생명에 지장은 없다.

화학 물질에 의한 화상은 흐르는 물에 씻어 낸 뒤 차갑고 깨끗한 젖은 거즈나 면으로 환부를 덮어 줘야 한다.

치료법으로는 화상 정도를 판단하여 체액 보충, 항생제, 진통제, 스테로이드 등을 투여해 준다. 그러나 무엇보다 예방이 중요하다.

요리할 때나 어떤 일을 할 때 뜨거운 물을 개 곁에 두지 말도록 하며, 치아를 가는 시기에는 전선이 보이지 않도록 안전을 기해 줘야 한다.

열사병

열사병이란 개가 자신의 체온을 낮출 만한 능력이 없는 상태를 말한다.

아주 더운 날 열사병이 많이 발생하는데 주로 수분이 부족한 상태지만 가끔 그늘에서도 발생한다. 특히 더운 곳에 주차시킨 뒤 개를 차 안에 두었을 경우가 위험하다.

코가 짧은 개(단두종 : 퍼그, 슈나우저, 보스턴테리어, 시쭈 등)나 나이가 많은 개 그리고 너무 비만한 개들은 열사병에 예민하다.

증상은 아주 다양하며 41도 이상의 체온과 헐떡거림, 빠르고 약한 맥박, 허약, 침울, 허탈 등이 나타난다.

열사병 이 병에 걸리면 41도 이상의 높은 체온과 헐떡거림, 약한 맥박, 허약 등의 증상이 나타나는데 우선 찬물로 목욕을 시켜 줘야 한다. 더위를 먹은 개가 진료대 위에서 치료를 기다리고 있다.

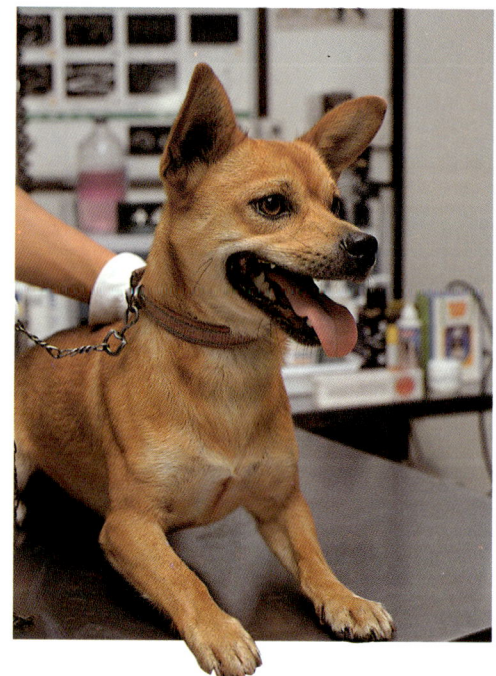

처치

응급 상황일 뿐만 아니라 높은 체온 때문에 뇌 손상으로 죽음을 초래케 되므로 체온을 빨리 떨어뜨려야 하므로 찬물로 목욕이나 샤워를 해줘야 한다. 만일 체온이 10분 이내에 40도 이하로 떨어지지 않으면 냉수 관장을 해줘야 한다.

헐떡거림이 조금씩 멈춰지면 얼음이나 찬물을 조금씩 준다. 상태가 약간 호전되면 수의사에게 데리고 가서 급격히 손실된 체액을 보충해 줘야 한다. 병원으로 옮길 때에도 차에 환기가 잘 되도록 해야 한다. 심할 경우는 1, 2일 정도 입원시켜 치료해 주면 좋다.

예방

적절한 환기, 그늘, 수분이 필요한 더운 날씨엔 개를 혼자 차 안에 놓지 말아야 한다.

골절

개가 체중을 다리로 지탱하지 못하며 다리가 심하게 굽거나, 통증을 호소하며 부종이 심하면 골절을 의심해야 한다. 골절의 경우 반드시 통증을 호소하지 않는 개도 있다. 뼈와 뼈가 부딪치는 소리를 느낄 정도가 되면 아주 심한 골절이라고 봐야 한다.

뼈조각이 피부를 뚫고 나오는 복합 골절의 경우 피부, 근육, 신경, 혈관에 커다란 손상을 입히게 된다. 이 경우엔 골절 뒤 골절 부위를 깨끗한 수건이나 천으로 싸서 동물 병원에 데려가야 한다. 골절로 인하여 생명에 지장은 없으나 골절 뒤 바로 부목을 해주어 뼈가 주위 조직을 손상치 않도록 주의를 해야 한다. 부목할 때 주의할 사항은 골절 부위의 위 관절까지 모두 해줘야 한다.

가정에서

강아지를 진정시키고 호흡이 정상이면 입을 묶는다.

부종과 염증을 완화시키기 위해 얼음 주머니로 냉찜질을 해준다. 척추, 골반, 사지의 골절인 경우 신속히 동물 병원으로 운송해야한다.

병원에서

수의사는 환부를 확인할 것이며, 골절 부위의 정확한 확인을 위하여 X선 촬영을 해야 한다. 단순한 골절의 경우는 석고 붕대법을 사용하나 심한 경우는 금속판, 철사 등을 이용한 정형외과적 수술이요구된다.

골절 다리가 부러지면 X선 촬영 뒤 골절 수술이나 석고 붕대 또는 면붕대로 조치해
줘야 한다. 슈나우저.

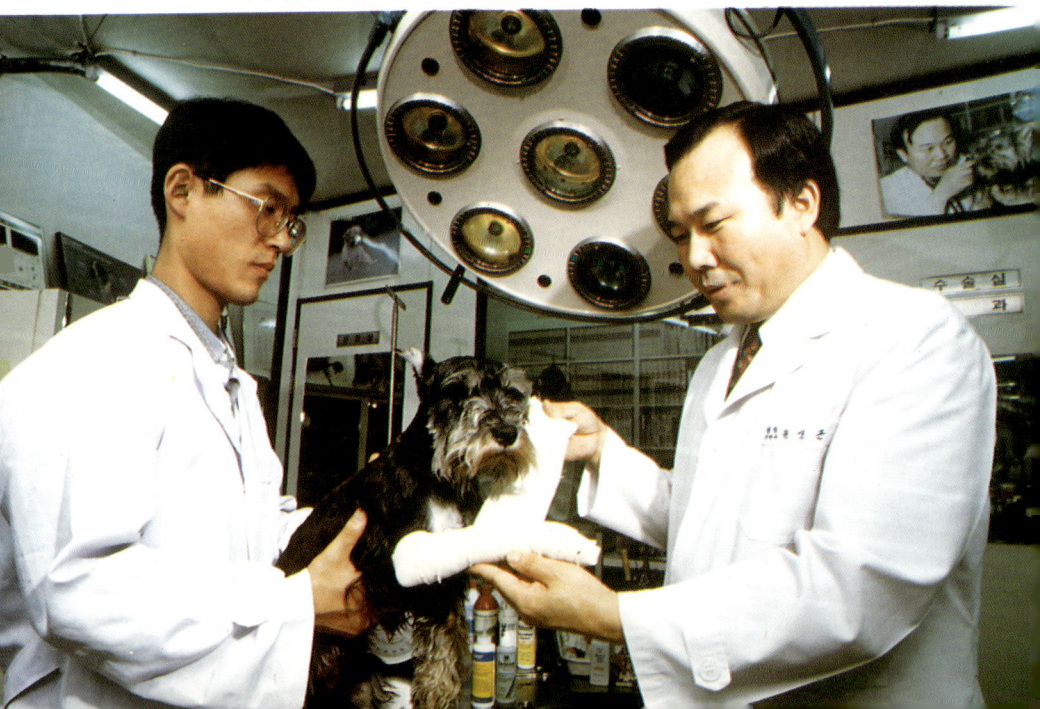

기생충

회충(Round Worm : Ascaris)

개, 고양이가 주 감염원이다. 회충은 희고 둥글며 디스크 모양으로 감겨져 있는데 8 내지 10센티미터 정도의 길이이다. 분변 또는 구토해 낸 이물질, 어미로부터 대부분 감염된다.

올챙이처럼 배가 부르며 쇠약, 건조한 피모, 구토, 설사, 기침 등의 증상이 나타나며, 성견의 경우 면역성이 있어 무증상으로 감염된다.

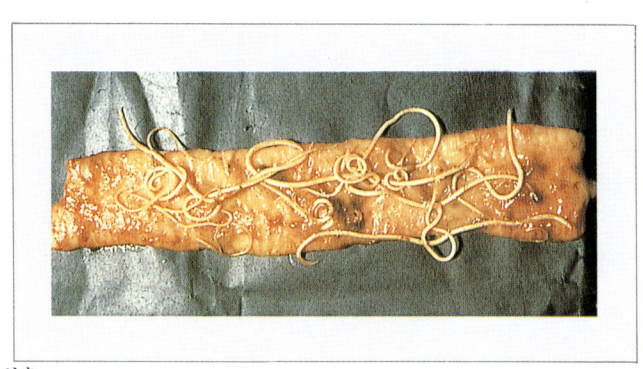

회충

현미경으로 충란 검사를 통하여 진단하며 어린 강아지의 경우 생후 21 내지 30일경부터 시작하여 보름 간격으로 기생충 구제를 해주되 3개월 뒤부터는 약 1개월마다, 성견의 경우는 2, 3개월에 한 번 정도 구충을 해주면 된다.

사람 약을 먹이면 안 되고 반드시 강아지 전용 구충약을 먹이는 것이 안전하고 정확한 방법이다. 또한 항상 청결하게 하고 분변을 깨끗하게 청소해 주는 것이 중요한 예방법이다.

십이지장충(Hook Worm)

개나 고양이, 드물게는 사람에서도 발견된다.

너무 작아 눈으로는 식별이 힘들며 감염되면 심한 빈혈, 허약 또는 풀을 뜯어먹거나 혈변 등의 증상을 보이기도 한다.

감염 경로는 피부, 섭취하는 음식물, 어미개의 젖, 오줌에 의해 감염된다.

구제 방법은 종합 구충제를 투약하거나 구충제를 피하 주사하여 구제하는 방법 등이 있다. 청결이 제일의 예방이다.

편충(Whip Worms)

모양은 아주 얇고 실모양이며 크기가 2센티미터 이하, 눈으로 식별이 어렵다.

감염된 흙을 핥을 때 감염될 수 있으며 혈변, 빈혈, 체중 감소, 허약 등이 주 증상이다.

충란 검사를 하며 종합 구충제를 투여해서 구제하며, 강아지 집을 항상 건조하고 청결하게 그리고 변은 그때그때 제거해 준다.

촌충(Tape Worms)

개, 고양이를 통해서 감염되며 모양은 편평하고 희며, 앞뒤로 운동한다.

항문 주위, 피모(皮毛;피부외 털) 또는 분변에 부착되어 있기도 하며 죽은 촌충은 쌀모양이거나 씨모양이다. 때때로 설사를 하거나 체중 감소 등의 증상을 보인다.

분변 검사를 통해 진단하며 촌충 전용 구제약을 동물 병원에서 구입하여 먹이면 된다.

예방 조치로는 벼룩이 생기지 않도록 해주며 설치류로부터 멀리 떨어지게 하며 날고기나 날생선 급여를 금지해 준다.

원충성 구충(Coccidia)

개, 고양이에 감염되며 너무 작아서 눈으로 보기 힘들다. 감염 동물의 분변을 통해 감염되며 혈변(피똥)이 주 증세이다. 이것 역시 분변 검사를 통하여 설파제나 기타 치료제를 사용하면 된다. 좋은 환경이 최상의 예방책이다.

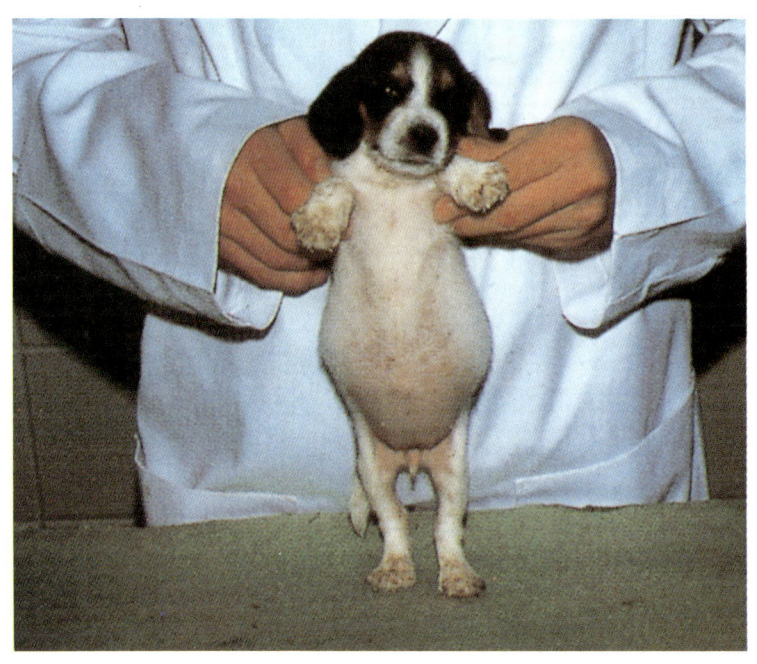

기생충에 감염된 개 개가 기생충에 감염되면 올챙이처럼 배가 유난히 부르고, 털이 거칠어진다. 기생충 감염을 막으려면 개가 어렸을 때부터 애견 전용 구충제를 15일 간격으로 복용시켜 줘야 한다.

톡소플라즈마(Toxoplasmosis)

개, 고양이에 감염되며 너무 작아 눈으로 볼 수 없으며 높은 열과 식욕 부진, 체중 감소, 허약, 구토, 호흡 곤란, 기침, 빈혈, 황달 등의 증상을 보이며 날고기, 쥐, 새, 감염 동물의 분변 등을 통해서 감염된다.

분변 검사로 진단하며 설파제 등으로 치료하고 날고기나 덜 익은 고기를 먹이지 말아야 하며, 날고기 요리 뒤 손을 깨끗이 씻어야 한다.

편모증(Giardia)

개, 고양이 등 모든 동물에 감염되며 너무 작아 육안으로 볼 수 없다.

증상은 6개월 이하의 강아지는 설사가 심하고 어떤 강아지는 보균자이며 무증상이고, 만약 사람이 감염된 경우는 복부 경련, 복부 팽만, 고열, 오심 등의 증상이 나타난다.

분변 검사를 통해 후라졸리돈(Furazolidone) 또는 메트로니다졸(Metronidazole) 등의 약품을 사용하면 쉽게 치료된다.

예방으로는 분변 접촉을 피하고 물과 환경을 깨끗이 하며 수질 오염이 많으므로 전염 지역에서는 반드시 물을 끓여 먹여야 한다.

간충(Strongyloids)

개, 고양이가 주 감염원이며 너무 작아 눈으로는 볼 수 없다.

식욕 결핍, 폐렴, 혈변, 체중 감소, 허약, 피부 침투로 인한 피부 감염 발생 그리고 어린 강아지는 증상이 더욱 심하게 나타난다. 분변 검사를 하여 티아벤다졸(Thiabendazole)을 투여하면 된다. 예방으로는 역시 청결이 중요하다.

심장사상충(Heartworms)

우리나라에서는 별로 발생치 않는 기생충이며 주로 일본이나 대만 등 외국에서 수입된 개들에게서 많이 발생된다.

개, 여우, 늑대 등에 감염되며 일단 감염되면 식욕은 좋으나 체중이 감소되고 빈혈, 기침, 호흡 곤란, 쉽게 피로하고 복부 및 사지에 부종, 심한 경우는 심장, 폐, 간 등에 손상을 주어 사망하게 된다.

모기에 의해서 감염되며 가늘고, 희고, 둥근 모양으로 길이가 13 내지 60센티미터나 된다. 혈액 검사로써 진단할 수 있으며 치료 주사도 있으나 위험하며 2개월에 한 번씩 기생충 주사를 하거나 구제 용액을 정기적으로 복용해 줘야 한다. 기본적으로 모기 침습 지역을 피하고, 모기장을 친다거나 하여 모기에게 물리는 것을 막아 줘야 한다.

원충성 파이로플라스마(Piroplasma);바베시아(Babesia)

세계 각지에 널리 분포되어 있으며 외국에서 수입한 수입견에게서 많이 발생하며 특히 핏불테리어와 같은 투견의 경우엔 감염견과 싸움하다 감염되곤 한다.

어린 강아지와 성견 모두에 심한 증상이 나타나며 급성 호흡 곤란, 빈혈, 고열, 황달, 식욕 부진, 말단 부위의 냉감, 심장 박동이 빠르고 약하며 혈색소뇨, 운동 기피 등의 증상이 나타난다.

만약 이러한 증세가 나타나면 신속히 수의사에게 환견을 데리고 가서 혈액을 채취하여 혈액 검사를 통하여 정확한 치료를 해야 한다. 치료하면 금방 회복될 수 있다.

개선충(옴;Scabies)

개도 옴을 옮긴다. 귀여운 동물 식구로 애지중지 끼고 자다 가족이 온통 긁어대는 소동을 벌이기도 한다. 이 경우 가려움증말고 인체에 별다른 피해는 없지만 귀찮고 신경이 쓰이는 게 사실이다. 원인을 모르고 사람만 피부과에 다녀봤자 별로 효과가 없다.

가려움증의 '주범'인 개몸에 옴이 건재하는 한 며칠만 지나면 온 가족이 또 긁어대기 시작하고 병원비는 병원비대로 들어간다.

개옴(개선충;Sarcoptic mange)은 가장 대표적인 개 피부병 가운데 하나로 특히 실내 애견 가정에선 반드시 증상과 예방 및 치료법을 알아 둬야 '유사시' 골칫거리를 덜 수 있다.

개옴에 걸리면 사람도 가렵지만 역시 당사자인 개가 제일 괴롭다. 온몸이 가렵고 하루 종일 긁어대느라 징징댄다. 군데군데 털이 빠지기 시작하다 온몸에 몽땅 털이 빠질 정도까지 이르면 피부가 드러나 보기 흉할 뿐더러 그대로 두면 농포성 세균성 피부염과 합병증으로 진물이 나는 등 평생 고생을 하게 된다.

개옴 기생충이 가장 좋아하는 곳은 개의 귀끝과 목, 겨드랑이, 사타구니, 발끝, 꼬리, 엉덩이 등 부드러운 솜털 부분이다.

개가 귀를 자주 긁는다든지 털이 빠지기 시작하면 일단 개옴으로 간수하고 새를 먼저 개집 등에 격리시킨다.

치료약으로는 파라마이트(Paramite), 감마벤젠 헥사클로라이드(γ-Benzene hexachloride) 등으로 목욕을 시켜 주면 효과적이나 약물 중독의 위험이 있으니 개가 약물을 핥아먹지 않도록 안전한 조치를 해줘야 한다. 보다 확실한 치료를 원한다면 동물 병원에서 치료 주사(약 1주일 간격)를 맞히며 치료하는 것도 좋은 방법이다.

개옴 등을 예방해 주는 기생충 예방 주사도 나와 있으나 무엇보다 평소에 애견 건강과 청결에 신경을 쓰는 것이 중요하다.

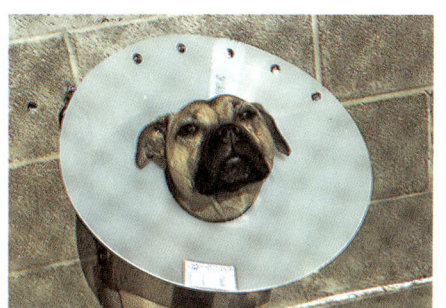
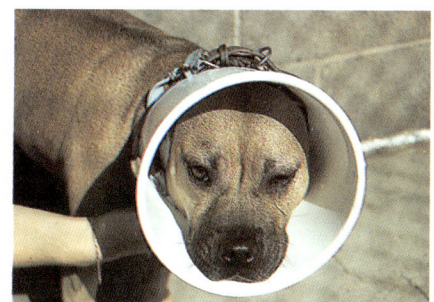

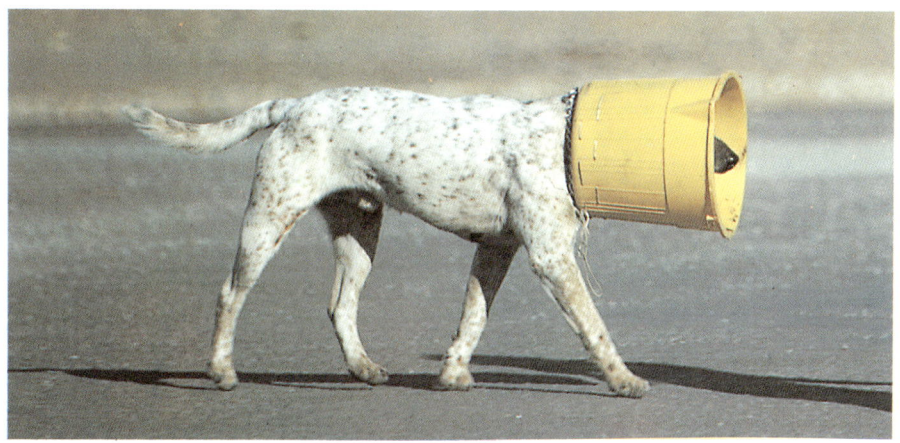

피부병에 걸린 개 치유법 개의 피부병 가운데 대표적인 개선충에 감염되면 온몸을 긁거나 환부를 핥아서 약물 중독에 걸릴 위험이 있다. 이때는 맨 위의 왼쪽, 오른쪽 사진처럼 엘리자베드 컬러나 그 아래의 사진(잉글리시세터)처럼 플라스틱 양동이를 개의 목에 씌워서 약물 중독을 예방해 줘야 한다. 이 밖에도 다리 등에 상처를 입었거나 수술 부위를 핥아 세균 감염으로 잔병 치유를 지연시킬 우려가 있을 때에도 다양하게 사용한다.

습진(Eczema)

급성 습진(Acute Moist Eczema)

원인 탄수화물의 과다 섭취가 원인이 되며 고탄수화물만 계속 먹이게 되면 1년 안에 습진이 생기게 된다. 벼룩, 이에 심하게 감염 되어 발생키도 한다.

증상 습진 부위를 심하게 긁거나 물어댄다. 급성 습진으로 인하 여 딱지가 생길 경우 벼룩이나 이가 있는지 찾아봐야 한다.

치료 먹이를 즉시 바꿔 줘야 하며 감염 부위를 깨끗이 닦고 소독한 뒤 코티졸 계통의 약을 경구 투여 또는 주사한다.

치료하면 곧바로 치료되나 일시적이기 때문에 반드시 단백질이 높은 사료로 바꿔 줘야 한다(d / d 사료, 아보덤 사료 등).

개가 감염 부위를 핥아 염증이 생기는 경우가 있으므로 항생제 등을 적절히 적용해 주며 수의사에게 의뢰한다.

건성 습진(Dry Eczema)

진단과 치료가 가장 어려운 피부병 가운데 하나이다.

원인 혈통 좋은 개에 자주 발생하며 고탄수화물 먹이가 역시 원인이 된다.

증상 계속 긁어내기 때문에 딜모 및 표피 박리기 된다. 또한 충혈이 되어 있다.

치료 옴, 벼룩, 이 등으로 말미암아 지속적으로 긁어댈 수 있으 므로 수의사에게 정확히 검진해야 한다. 먹이도 개선해 주고 스테로 이드 등을 투약해 주며 이 치료는 몇 개월 간격으로 반복해 주어야 한다.

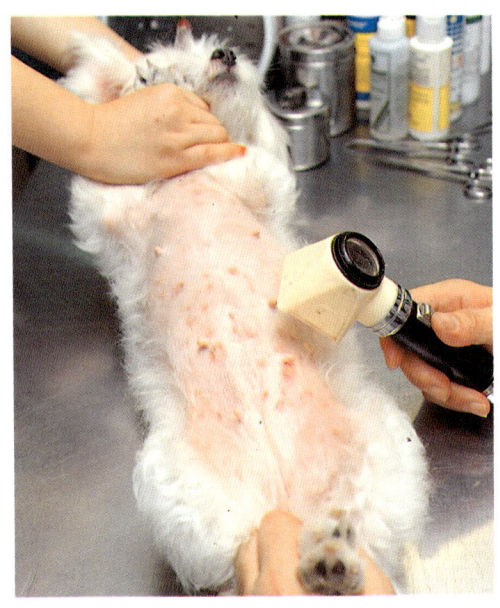

피부병 피부병에 걸린 개를 치료하기 위해 복부의 털을 깎고, 확대경으로 검진하고 있다. 말티즈.

알레르기성 습진(Allergic Eczema)

단순한 건성 습진보다 훨씬 더 심각하다.

원인 알레르기를 일으키는 물질(짚, 양모, 나일론, 식물성 물질 등)에 의해서 발생한다.

증상 급성 발적이 생기며 하복부에 반점이나 농포 등이 나타나며 계속 긁어댄다.

치료 개의 침구를 곧바로 바꾸고, 신문지 등을 매일 갈아 준다. 개가 평소 다니던 길을 차단하여 다른 길로 다니도록 하고 정원에서 멀리 떨어지게 한다. 코티존(Cortisone)이나 항히스타민(Antihistamine) 등을 투여한다.

예방 알레르기를 일으킬 수 있는 물질 등을 제거하며 피부병을 치료할 때 수의사 처방식 d / d 사료나 아보덤(Avo-derm) 사료, 에파덤(Efa-derm), 더미잘(Dermisal) 등의 약을 먹이면 효과적이다.

윤선(Ringworm)

표피 표면과 감염 부위의 털에 사는 곰팡이가 원인이다.

증상은 감염 부위를 긁거나 물어댄다. 자세히 보면 탈모가 되어 딱딱한 피부가 둥그스름하게 된다. 표피가 두터워지고 노란색이 되며 조그만 구멍이 둘레에 많이 있다.

이 피부병은 사람도 옮을 수 있으므로 격리 수용하고 어린이의 손에 닿지 않도록 하며 항상 손을 깨끗이 씻도록 한다.

치료제로는 후루코나졸(Fluconazole) 등을 경구 투여하며 동물 병원에서 조제한 튜브로 된 연고제나 에닐코나졸(Enilconazole) 물약 등이 특효약이다.

홍역(Distemper)

병의 근원은 개, 너구리, 스컹크, 여우, 늑대와 같은 야생 동물에서도 발생하는 바이러스 질환이다.

사람에게는 전염되지 않으며 주로 어릴 때 예방 접종을 하지 않거나, 추가 접종을 하지 않은 개에게 잘 발생한다. 특히 어린 개나 늙은 개에 더욱 많이 발병한다.

증상 및 치료

체온은 39.5도에서 41도 정도이며 눈이나 코에 노란 분비물, 기침, 구토, 식욕 부진 및 설사를 동반하는 경우도 있다.

신경 증세가 나타나면 안면부, 두부, 사지 및 전신에 경련을 일으키며 한쪽으로 계속해서 회전하여 치료하기 어렵게 된다. 수의사가 훌륭한 치료를 해도 가정에서 간호를 잘 해주지 않으면 헛수고가 된다.

탈수를 방지하기 위하여 수액을 공급하고 2차 세균 감염 방지를 위해 항생제를 투약해 준다. 면역 촉진제(Baypamun, Ultracorn, Gammasol) 등을 주사해 주면 많은 도움이 된다.

보충식으로는 계란이나 고단백 식품(수의사 처방식 p / d 사료, 뉴트리칼 등) 등이 있다.

예방

무엇보다 생후 6, 7주부터 주기적인 예방 접종과 매년 1회의 추가 접종이 필요하다. 바이러스를 죽이는 약이 없기 때문에 평소 제때에 예방 접종을 해주는 것이 가장 좋은 예방책이 된다.

개의 예방 접종 계획표

전염병의 종류	시기	기초 접종	추가 접종
◎ 디스템퍼, 전염성 간염, 파보바이러스 장염, 렙토스파이로시스, 파라인플루엔자 감염증 ◎ 켄넬코프 ◎ 코로나바이러스 감염증 ◎ 광견병	4주	면역 기능 항진제 투여	매년 1회
	6주	DHPPL + Corona	
	9주	DHPPL + Corona + K·C	
	12주	DHPPL − Corona − K·C	
	16주	Rv	

파보바이러스성 장염(Pavo Virus)

1978년에 나타난 새로운 질병으로 위장관 및 심장에 치명적인 영향을 미치는 바이러스에 의해서 발병하며 이 병에 걸리면 40도 내지 41도의 고열과 심한 구토, 설사(토마토 케첩과 같은 변), 허약, 식욕 부진, 급속한 탈수, 호흡 곤란 등을 일으키며 어린 강아지의 경우에는 발병 뒤 1, 2일 만에 갑자기 죽기도 하는 무서운 전염성을 가진 질병이다.

이 파보바이러스는 주로 과식이나 사료가 갑작스레 바뀌었을 때 돼지고기, 닭고기와 같은 지방분이 너무 많은 사료를 공급했을 경우 그리고 기생충 구제가 제대로 되지 않았을 때 설사가 시발이 되어 발병한다. 또한 병든 개와의 직접 접촉이나 분변을 통해서도 감염된다. 설사가 심하면 지독한 냄새의 변과 함께 회충 등이 섞여 나오기도 하는데 이때는 기생충 약 급여에 대한 것을 신중히 수의사와 상의해야 한다. 왜냐하면 허약한 개를 더욱더 악화시킬 위험이 있기 때문이다.

치료 방법은 항생제, 수액 요법 등으로 집중적인 치료가 중요하며 치료제로서는 하트만(Hartman)액을 정맥 주사해 주며 베이파문 (Baypamun), 두파문(Dupamun), 감마졸(Gammazol), 울트라콘 (Ultracorn)과 같은 면역 촉진제 주사, 니폴젝트(Nipoljct)와 같은 네오마이신(Neomycin) 성분이 섞인 주사가 아주 효과적이다.

무엇보다 중요한 것은 수액 요법(혈관 주사)이다. 그리고 탈수가 심하여 전해질을 보충해야 할 필요성이 있기 때문에 아삽(ASAP) 과 같은 전해질 제제를 물 100시시당 5그램을 섞어 먹이면 더욱 좋다.

만약 설사 증세가 그쳤다 해서 아무 음식이나 먹이면 안 되고 이때는 유동식 음식이나 수의사 처방식인 i/d 같은 사료를 먹여 주는 것이 좋은 방법이다.

코로나바이러스(Corona Virus) 감염증

코로나바이러스도 파보바이러스와 마찬가지로 위장관에 손상을 주는 질병이다.

지독한 변 냄새, 구토, 황록색 또는 오렌지색 설사, 탈수 증상이 나타나며 파보바이러스와 유사한 증상을 보인다. 7 내지 10일 경과 뒤 회복되기도 하지만 감염견의 변이나 직접 접촉을 통해서 전염되므로 병든 개는 반드시 격리 수용해야 한다.

치료 방법은 파보바이러스와 같은 방법으로 치료하며 예방 접종을 하여 질병을 예방할 수 있고 집안을 깨끗이 소독한다.

켄넬코프(Kennel Cough)

세균 또는 보데텔라(Bordetella)가 복합적인 요인이지만 바이러스가 주요 감염 인자이다.

어린 강아지들에게 전염성이 아주 높다. 시끄러우면서 아주 거친 기침을 하며 운동 뒤 더욱 기침이 심해지며 대부분의 경우 열이 없는 게 특징이다. 애견 주인들은 목에 가시가 걸린 것 같다고들 이야기하나 이는 켄넬코프의 전형적인 증상이다. 감염 경로는 공기 전염 또는 병든 개와의 접촉에 의해서 감염된다.

치료는 약 3주 정도로 충분한데 만약 3주 뒤에도 치료되지 않으면 악화될 뿐만 아니라 홍역이나 전염성 간염 등과의 합병증이 발생되어 위험하다. 치료제로서 항생제, 거담제, 영양제 등이 사용되며 베이파문과 같은 면역 요법제를 병행하면 아주 효과적이다. 이 질병 역시 매년 한두 번 예방 주사를 해주면 안전하다.

광견병(Rabies)

바이러스가 뇌를 공격해서 치명적인 결과를 초래하며, 사람에게도 감염된다.

증상

행동 변화에 따른 불안감, 극도의 우울함, 공격성 등이 역력하다. 난폭해진 단계에서는 무엇이든 보이는 대로 물어버린다. 시끄러운 소음이나 밝은 빛은 공격 기능을 더욱 자극한다.

경련 발생 뒤 침묵기가 계속되며 인후부의 마비로 인해 목소리가 변하고 침을 많이 흘리고, 먹고 마시는 기능이 손실된다. 아래턱이 마비되어 입을 벌릴 수 없고 혀와 아래턱이 느슨하게 된다. 그 뒤 전신 경련이 오고 혼수 상태가 되고 죽음으로 이어진다.

치료

바이러스는 물린 부위를 통해 감염되고 박쥐가 사는 동굴에서도

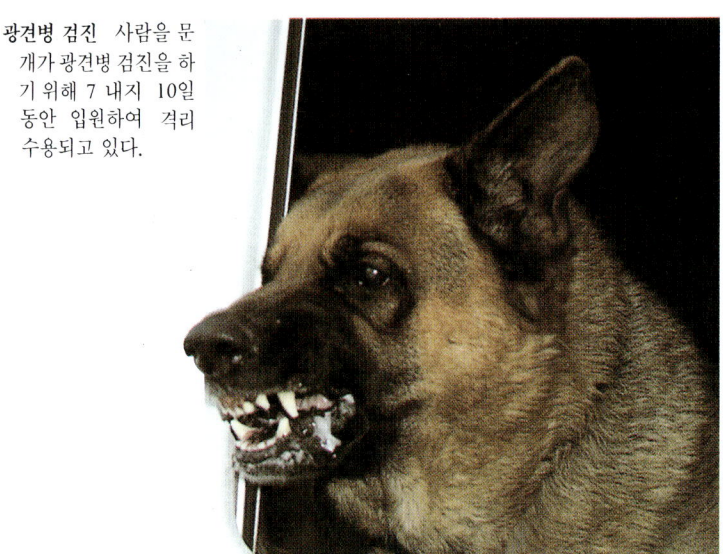

광견병 검진 사람을 문 개가 광견병 검진을 하기 위해 7 내지 10일 동안 입원하여 격리 수용되고 있다.

공기 감염이 된다는 보고가 있다. 그러나 다행히도 우리나라에서는 요즈음 몇 년 동안 광견병 발생 보고가 없다. 그러나 정부에서는 매년 봄, 가을 정기적인 예방 접종을 실시하고 있다.

개에 물리면 물린 사람은 사람 병원에 가서 외상 치료를 받으면 되고, 물은 개는 입원실이 준비된 동물 병원에 가서 7 내지 10일 동안 입원시켜 수의사의 진단을 받으라고 세계보건기구(WHO)에서 권장하고 있다.

만약 10일 동안 입원하여 개에 이상 증세가 나타나지 않으면 광견병은 전혀 걱정할 필요가 없고 사람의 외상 치료에만 신경을 쓰면 된다.

전염성 간염(Hepatitis)

주로 간에 영향을 미치는 바이러스 질환으로 모든 개과(科)에서 볼 수 있다.

증상

허약, 열, 식욕 부진, 혈액 섞인 구토, 혈액 섞인 설사, 복통 그리고 민감한 눈, 각막염 등이 나타나며 신생 강아지의 경우 원인 모르게 아무 증상 없이 갑자기 죽기도 한다.

감염 경로는 감염 강아지의 오줌이나 변에서 감염된다.

치료

치료는 항생제, 수액, 비타민, 때로는 수혈도 필요하며 세심한 간호와 보살핌이 필요하고 강아지의 경우 사망율이 높다. 예방은 예방 주사를 맞히면 된다.

발정에서 출산까지 알아야 할 일들

발정

모든 동물들은 신체적, 정신적으로 성숙해지면서 성에도 눈을 뜨게 마련이다.

귀여운 강아지도 생후 1년 정도면 벌써 성견이 된다. 누가 가르쳐 주지 않아도 심리적으로나 생리적으로 자연스럽게 짝을 찾는 징후가 나타난다.

발정은 반드시 암컷만 하며 수캐는 성적 욕구를 자주 표현하지만 문자 그대로 이는 욕구(또는 충동)에 불과하고 발정→배란→교배→임신으로 이어지는 암컷의 생산 과정과는 근본적으로 다르다.

소형견 암컷의 경우 발정이 시작되는 시기는 생후 6 내지 8개월(대형견은 8 내지 12개월)경부터이다. 1년에 두 차례 가량 발정이 오며(약 6개월 간격), 약 15일 동안 외음부가 붓고 출혈이 계속되는 발정 주기가 찾아드는데 이왕이면 이 증상이 확실할수록 좋다. 많이 붓고 출혈량도 많아야 건강하다는 증거며 임신 배란 작용도 왕성하기 때문이다.

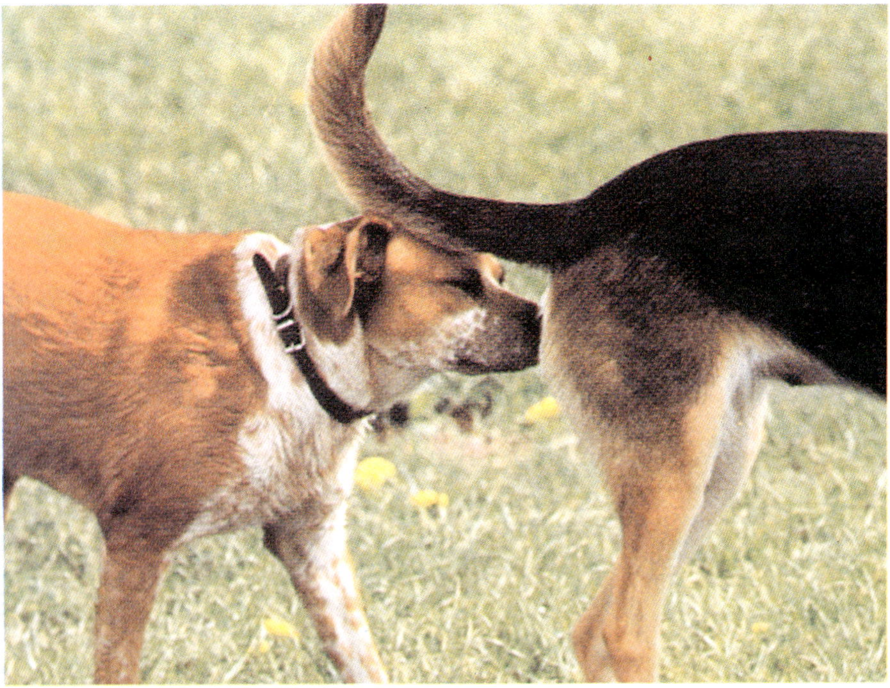

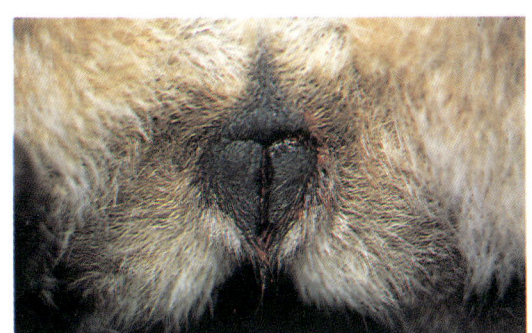

발정　암컷은 생후 6개월 이후부터 1년에 두 차례 가량 발정이 오는데 약 15일 동안 외음부가 붓고 출혈이 계속된다. 이때는 식욕 부진이나 정서 불안 증세와 함께 성욕이 강해져서 다른 개와 관계하기 쉬우므로 격리하거나, 소형견의 경우는 생리대 (팬티)를 착용시켜 원치 않는 임신을 막아 줘야 한다.(위, 왼쪽)

이같은 외부 증상 없이 언제 왔었느냐는 듯 발정기를 그냥 지나쳐 버리는 경우가 오히려 문제가 된다. 요즘엔 특히 부기가 눈에 띄지 않고 출혈도 거의 없는 미약 발정, 무혈 발정이 잦아 2세 강아지 생산의 호기로 발정기를 기다리던 주인을 안타깝게 만들곤 한다.

실내 사육의 소형 애완견이 특히 발정이 미약한 경우가 많은데 이는 지나치게 작은 크기를 선호해 온 국내의 잘못된 애견 풍토 때문이다. '작은 것이 좋다'에만 집착하다 보니 식사량에 제한을 가하고 적게 먹이다 보니 영양 실조와 성숙이 위축되고 발정도 안 되는 게 당연하다. 따라서 이 경우에도 역시 밥이 보약이 된다.

충분한 운동과 식사 등 평소의 건강 관리와 함께 고단위 영양제인 뉴트리칼(Nutrical), 세라닌(Theralin), 뉴트리플러스겔(Nutriplus--gel), 아피로얄(Api Royal) 등을 곁들여 주면 발정은 걱정 없다. 강한 발정을 유발시키는 호르몬 주사도 있지만 건강에 바람직하지 않을 우려가 있으므로 어디까지나 최후의 수단으로 생각해야 할 일이다.

발정이 오면 식욕 부진, 정서 불안 등과 함께 개도 바람이 나 이웃 집 개를 만나고 싶어한다. 하지만 종자 보전을 위해 '프리 섹스'를 삼가야 한다. 문단속을 철저히 하는 한편 개 생리 팬티를 채워 주면 집안의 청결 유지는 물론 '정조대' 역할도 해준다. 발정난 개의 교배 는 동물 병원 수의사 등 애견 전문가와 상담하는 편이 안전하다.

가임신(상상 임신;False Pregnancy)

교배는 물론 임신도 하지 않은 암캐가 인형을 자꾸만 물어다가 자기 품에 꺼안거나, 새끼 낳을 자리를 만드는 흉내를 낸다거나, 이상한 소리를 내며 먹이를 멀리하는 증상이 나타난다. 그리고 이때는 유두가 퉁퉁하게 부어올라 젖이 뚝뚝 떨어지기도 한다. 치료하지 않으면 7 내지 10일까지도 지속된다.

치료는 호르몬 주사를 투여하여 치료하며 보다 확실한 방법은 난소 자궁 적출술이 있다.

교배

날로 각박해지는 인간 사회를 닮아서일까. 요즘 개 사회의 사랑 풍속도도 '낭만'이 많이 줄었다.

실내 사육이 보편화되면서 제마음에 드는 상대를 개 스스로가 찾는 대신 발정기에 접어든 개는 주인들의 손에 이끌려 애견 센터나 번식업장 등에서 낯모르는 상대와 즉석에서 인위적인 교배를 하게 된다.

개도 이왕이면 잘생긴 상대에게 '허락'의 표시로 꼬리를 치켜세워 주지만 인위적인 교배의 경우엔 개의 의사와는 상관없이 행해지게 된다. 또한 '일'을 치르기 전 수캐가 암캐를 혀로 애무하는 등의 극진한 전희(前戱) 절차도 번거로운 듯 생략해 버리는 게 보통이다.

개의 즐거움이나 사랑 편의엔 아랑곳없이 빨리 일 끝내기를 재촉하고 돈이 오간다. 물론 번식의 대가로 돈은 주인이 치르지만, 아무튼 개의 경우에도 성(性)의 상품화가 두드러진다.

하지만 개는 역시 개다. 튼튼한 '2세' 애견과 혈통 보존을 위해서 발정한 암캐에게 상대를 선택하도록 마냥 맡겨둘 수는 없다. 개의 낭만을 희생하더라도 주인이 '알아서' 중매를 서 주는 게 가장 신중하고 안전한 방법이다.

암캐의 교배 시기는 발정 출혈이 시작된 뒤 10 내지 13일 사이가 적당한 시기이다. 발정 초기에 딱딱해진 외음부의 부기가 어느 정도

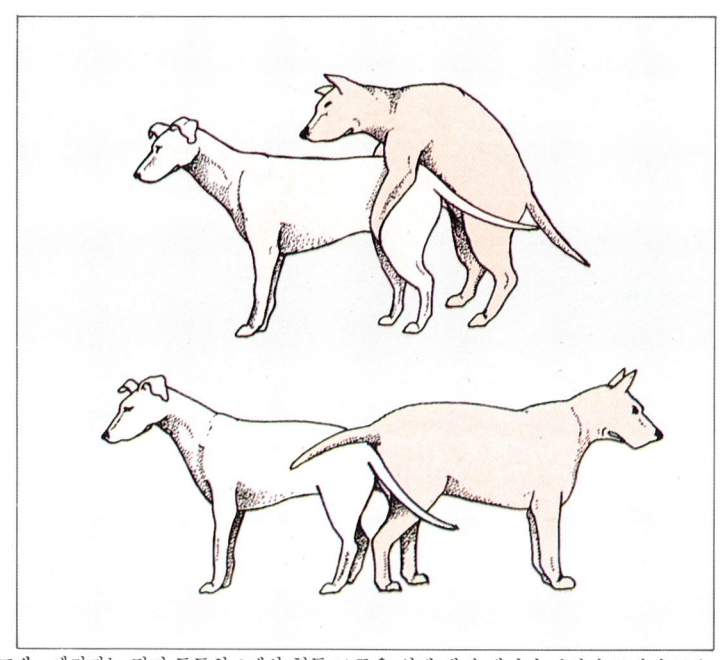

교배 예전과는 달리 튼튼한 2세와 혈통 보존을 위해 애견 센터나 번식장 등에서 돈을 주고 교배를 치르는 경우가 많아지고 있다.

풀리면서 색깔도 거무스름해지는데 외부 증상으로 판단이 서지 않으면 수의사에게 배란 여부를 가리는 현미경 검사를 의뢰하면 된다.

　씨내리개(種犬)의 혈통이 우수할수록 교배료는 '부르는 게 값' 이지만 일반 가정용 소형 애완견의 경우 5만 내지 10만 원선이고 교배 시간은 5분 내지 30분 정도 걸리며 이틀 간격으로 두세 번 교배를 거듭하면 임신 확률도 그만큼 높아진다. 배란 기간중엔 복수 교배를 시키더라도 추가 요금이 붙지 않는다.

　개의 성숙도를 고려해 생후 1년 내지 1년 6개월 이후(두번째 발정 주기 이후)부터 첫교배를 시작하나 나이가 찼더라도 영양 상태가 안 좋거나, 발육 부진, 질병 등이 있을 땐 교배를 삼가야 한다.

이같은 점을 고려하지 않았을 경우 어미개와 2세의 건강을 책임질 수 없으며 출산 때 난산으로 개를 괴롭힐 우려가 있다.

수캐가 암캐에게 교배를 해주는 게 관례이며 따라서 암캐 주인이 수캐 주인에게 교배료를 지불해야 하며 교배 뒤 임신이 안 돼도 값은 환불해 주지 않는다. 그러나 암캐 주인의 입장을 생각해 두번째 교배할 땐 처음 교배료의 절반을 받고서 교배를 시켜 주곤 한다. 왜냐하면 씨내리기를 주업으로 삼는 프로급 종견은 관리가 철저한 까닭에 불임의 경우, 문제는 암캐에 있다고 보기 때문이다.

이 밖에도 계속 교배를 해도 임신이 안 될 경우엔 수캐의 정충 검사는 물론 암캐의 건강 검진을 해보는 것이 중요하다.

임신

발정과 교배를 무사히 마쳤더라도 튼튼한 '2세' 강아지와 어미개 건강을 위해 임신 기간 동안 관리가 중요하다.

개도 사람처럼 입덧을 하고 새끼를 가졌을 동안에는 육체적, 심리적 변화에 민감하다. '친정 엄마' 이상으로 주인이 임신한 개를 자상히 보살펴 줘야 하는데 이는 애견인의 의무이자 기쁨이다.

개의 임신 기간은 일반적으로 2개월 정도(58 내지 63일), 교배 뒤 1 내지 4주 사이에 임신 증상이 시작돼 수태 여부를 가늠할 수 있다.

일단 태도에서부터 달라져 수컷에 대한 관심이 눈에 띄게 적어지고 '정숙함'을 되찾게 되며 외견상으로는 부어올랐던 국부가 축소되는 대신 젖꼭지 유선(乳腺) 부위가 부풀어올라 2세 출산에 대비하게 된다.

임신이 됐을 경우 교배한 다음 1주 뒤부터 입덧을 시작, 약 2주 가량 입맛을 잃고 가끔 토하는 임신 구토 증상을 보인다. 교배 1개월 뒤부터는 체중 증가와 함께 배가 약간씩 불러 임신 여부를 눈으로 확인할 수 있다.

개에 따라 교배 뒤에도 배란기가 열흘 이상 더 지속되는 경우가 많으므로 이 기간 동안에 충분한 휴식과 수면을 취하게 한다.

한편 남의 집 수캐가 출입 못하도록 '문단속'에도 신경써야 한다. 교배 뒤 다시 '바람'을 피운 결과, 엉뚱한 잡종 2세를 낳음으로써 주인을 실망시킨 경우도 있다.

교배 뒤 3주 동안은 무리한 운동과 목욕을 금지시켜 뱃속에 있는 새끼를 보호해 주도록 한다. 하지만 1개월 이후부터는 오히려 가벼운 운동은 시켜 줘야 출산 때 난산을 막고 2세 강아지의 발육에도 도움이 된다.

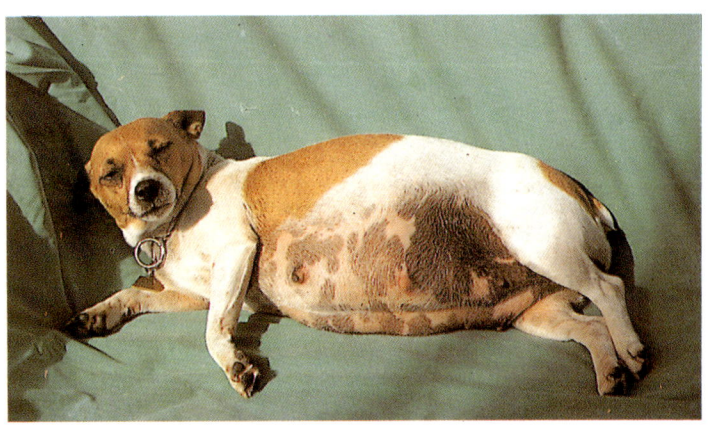

임신한 개 개의 임신 기간은 2개월 정도이고 교배 7일 내지 15일 뒤부터 입덧과 함께 유선이 발달하며, 1개월 정도 지나면 배가 불러온다.

특히 요즘처럼 실내 사육이 보편화됐을 경우 운동 부족으로 출산 때 제왕절개를 해야 하는 예도 잦으므로 평소보다 가벼운 달리기 운동, 뜰에서 공 물어오기 훈련 등으로 체력을 유지시켜 줘야 한다. 출산 예정 5일 전부터는 조산을 막기 위해 다시 운동을 금지시킨다.

임신중 너무 좋은 음식만 줘도 뱃속 강아지가 커져 난산을 할 우려가 있으므로 고단위 영양가가 있는 먹이도 적절히 조절한다. 동물성 단백질은 변비의 원인이 되므로 야채도 가미해 주며 출산에 치명적인 산전 산후 마비를 방지하기 위해서 칼슘과 무기질 보충에도 신경을 써야 한다.

출산을 전후해 다리가 마비되면서 호흡 곤란 증상을 겪게 되는 산전 산후 마비는 임신중 영양 부족이거나 새끼를 여러 마리 밴 어미개에게서 자주 나타나는데 최근엔 이를 예방하는 칼시델리스(Calcidelice), 호모칼크(Homocalk) 등 임신한 개 전용 약품이 개발됐다.

임신중에 먹여도 안전한 구충제도 시판중이다. 하지만 어느 경우에나 약물을 사용할 땐 수의사와 미리 상의해야 한다.

갓나은 튼튼한 강아지의 무게는 애완용 소형견의 경우 100 내지 150그램 정도로 책 한 권 분량도 못 되는 무게지만 엄연한 생명체이고 애견 생활에서 가장 큰 보람 가운데 하나이다.

분만

개 사회도 많이 변했다. '개처럼 커라'는 말은 탈없이 건강하란 뜻이지만 요즘 개들은 탈도 많고 말도 많다.

귀여운 2세 강아지를 얻는 일은 애견 생활의 보람 가운데 하나이다. 하지만 애완견의 소형화 추세와 실내 생활에서 오는 운동 부족 등으로 뜻밖에 난산을 하는 경우가 많다.

'새끼를 못 낳는 개가 어디 있겠느냐'는 통념만으로 안심하고 기다리다가 어미와 새끼가 함께 불행을 당하기도 한다.

일반적으로 소형견은 한배에 1 내지 4마리까지도 밴다. 대부분의 어미개들은 누가 가르쳐 주지 않아도 제가 알아서 탯줄을 끊는 등 산후 조절을 하므로 출산도 기르던 집에서 시키는 게 보통이지만 진통이 시작된 지 1 내지 3시간이 지나도 새끼가 나오지 않으면 일단 난산으로 판단하고 반드시 수의사에게 연락해야 한다.

개의 출산 능력만 믿고 진통 하루 만에야 수의사를 찾는 경우도 있지만 이는 주인이 개의 위험을 방치한 셈이다. 1 내지 3시간 안에 새끼를 못 낳으면 대부분 심한 임신 중독증(전신 패혈증)에 걸리게 되며 이미 일이 터진 뒤에 수의사에게 하소연해 봐야 이미 때는 늦다.

개의 임신 기간은 60일(58 내지 63일) 안팎이다. 출산 직전의 어미개는 식사를 거부하고 자신의 '일'이 임박했음을 알린다.

출산 예정일 즈음해서 주위를 조용하게 하고 개집 주위에 커튼 등을 쳐 안정된 분위기를 조성해 준다.

출산 직후 어미개가 스스로 새끼의 양막을 뜯고 몸을 핥아 주며 탯줄을 끊는 등 산후 처리를 하지만 그렇지 못할 경우 주인이 새끼가 뒤집어쓰고 나온 양막을 뜯어 입과 코에 묻은 양수를 닦아 준 뒤 알코올에 담근 실로 배꼽을 묶은 뒤(배꼽 1센티미터 위) 태를 자른다. 아울러 깨끗하고 거친 수건으로 새끼를 문질러 혈액 순환을 도와 준다.

이런 절차가 귀찮거나 못한다면 아예 수의사에게 산파 역할을 맡겨야 한다. 개의 출산 뒤처리를 할 각오도 없으면서 어정쩡하게 '알아서 낳겠거니' 하는 식의 수수 방관하는 것보다 오히려 인간적이

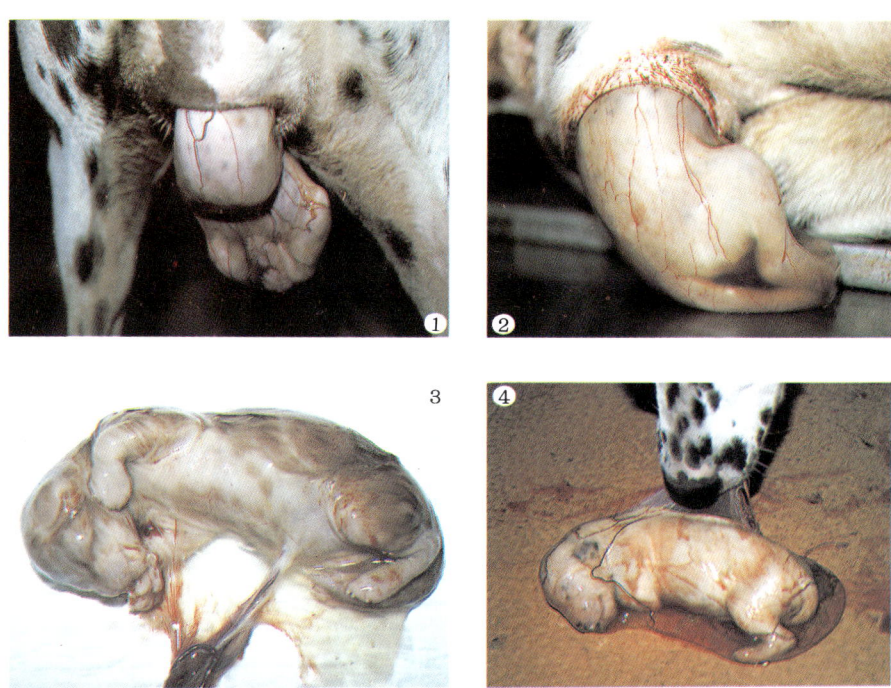

자연 분만 과정 평소에 적당한 운동과 영양을 공급해 주면 난산 등의 어려움이 없이 쉽게 자연 분만을 할 수 있다. 달마티안.

기 때문이다.

자연 분만이 어려울 경우에는 유도 분만, 제왕절개 수술 등의 처리도 필요하다. 국내 번식업자들은 시가 50만 원짜리 암캐도 일단 수술칼만 댔다 하면 10만 원대로 '개값'이 폭락해 버려 제왕절개를 꺼리는 게 보통이다. 하지만 가정에서 사육하는 애완견이야 파는 게 목적이 아니므로 시세를 염려할 필요가 없으며 무엇보다 제왕절개는 위급한 난산으로부터 어미개와 새끼의 생명을 구해 준다는 점을 명심해야 한다.

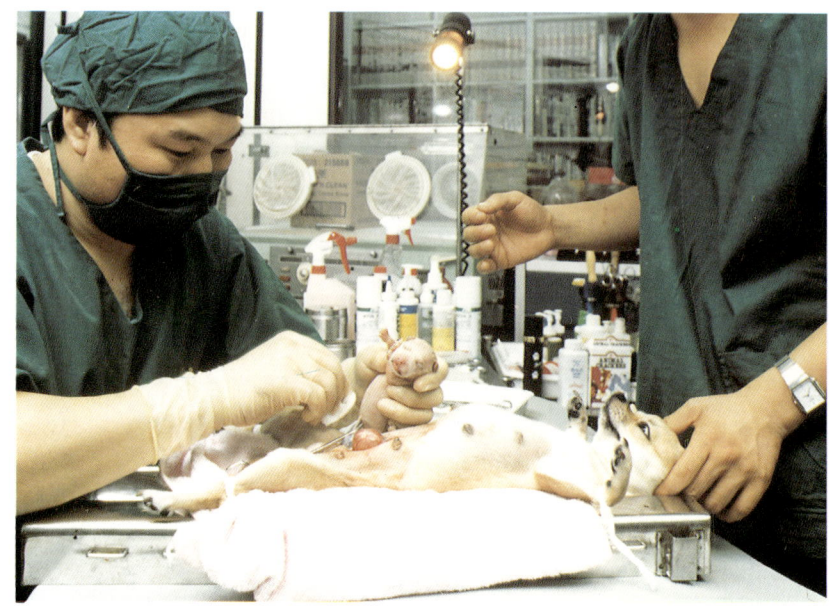

제왕절개 수술 위급한 난산의 경우에는 제왕절개 수술을 하여 어미개와 새끼의 생명을 구해 줘야 한다. 치와와의 제왕절개 수술로 어미배에서 새끼를 막 꺼내고 있다.

출산 뒤 알아야 할 일들

강아지의 출산 뒤엔 '산모'와 2세 강아지의 건강을 돌보는 게 제일 중요한 일이다. 사람과 마찬가지로 이때 건강이 평생을 좌우한다.

어미개 먹이

강아지도 어미개의 젖을 먹어야 건강의 기초가 닦인다.

'모유'를 잘 나오게 하기 위해서는 되도록 동물성 단백질이 함유된 음식을 평소보다 많이, 양껏 먹여야 한다. 어미개의 젖을 풍부하게 하려고 무턱대고 우유를 먹이는 경우도 있지만 이는 잘못된 생각이

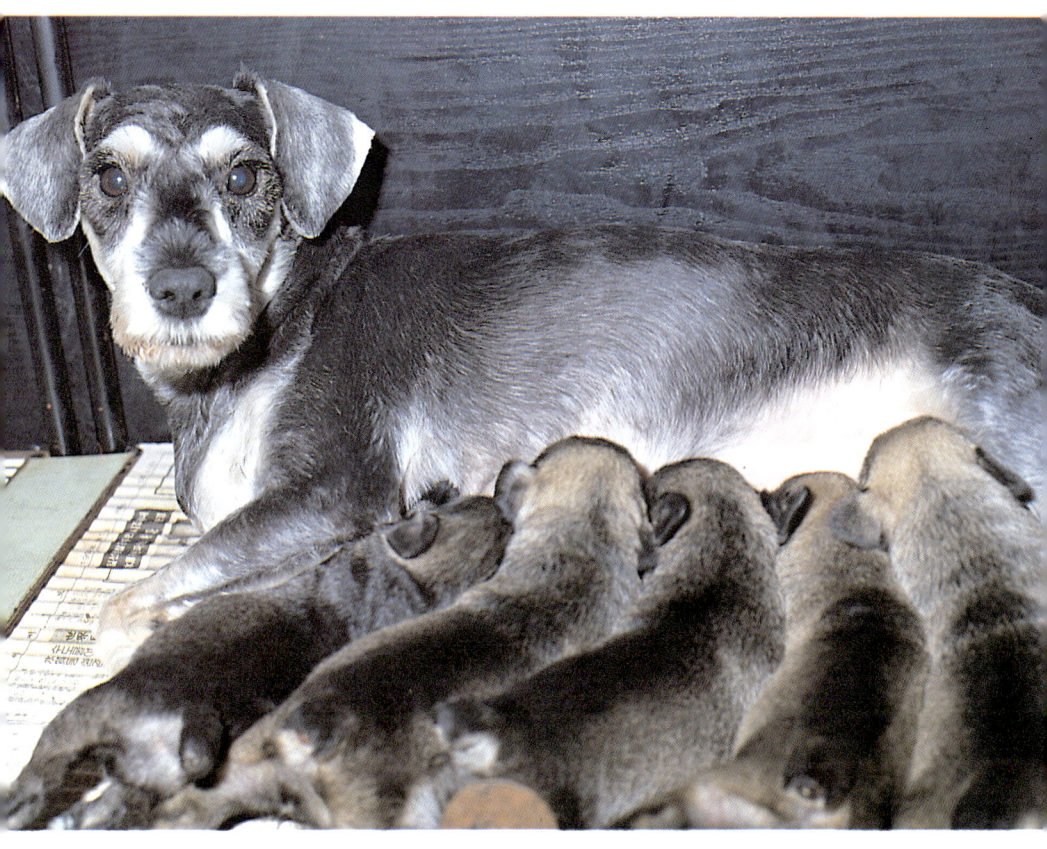

젖 먹이는 모습 모유가 잘 나오게 하기 위해서는 동물성 단백질이나 영양분이 골고루
함유된 음식을 평소보다 많이 먹여야 한다. 사진은 슈나우저로서 어릴 때에 귀를
잘라 주면 보기가 좋은데, 이 개는 귀 수술을 하지 않았다.

다. 시판되는 개 먹이를 먹일 때는 일반용보다 2배 가량 비싼 수의사 처방식(p / d) 사료를 먹이면 영양면에서 적당하다.

이 밖에 어미개의 산후 마비를 방지하기 위해 '칼시델리스' 등 칼슘 첨가제를 하루 1, 2정씩 먹이면 더욱 안전하다.

강아지 꼬리 자르기

갓난 강아지는 어미개 처분에만 맡겨 놓아도 '개답게' 잘들 크지만 꼬리 자르기와 구충은 반드시 주인이 나서서 돌봐 줘야 한다.

꼬리 자르기 적기는 생후 5 내지 7일 정도가 좋고 전통적인 방법으로 가정에서 실을 묶어 자르기도 하지만 이것을 당하는 개는 고통이 심하고 염증 우려도 뒤따르므로 동물 보호나 수의학적 측면에서 수의사에게 아예 맡기는 게 안전하다. 국소 마취 등으로 수술이 간단하고 수술비도 저렴한 편이다.

강아지 꼬리 자르기의 목적은 개의 종류에 따라서 강아지 체형에 균형을 잡아 주기 위해서인데 이 점에서도 전문가의 '심미안'을 따르는 게 바람직하다.

강아지 구충

어미개 태반을 통해 새끼 뱃속에 회충이 남아 있으므로 생후 3주 뒤에 구충을 실시해 준다.

겉으로는 멀쩡한 강아지라도 뱃속에는 5센티미터 이상씩의 회충이 여러 마리 기생하는 게 보통이다. 기생충으로 인해 장염, 소화 불량은 물론 심지어 조사(早死)할 우려마저 있으므로 '회충쯤이야' 하고 넘기다간 후회하게 된다.

강아지 젖떼는 시기

생후 21일경부터 강아지는 어미의 밥을 따라 먹게 된다.

어미개의 밥그릇 안으로 들어가 같이 먹으려고 덤비는데, 아직 소화를 제대로 시키지 못할 때이므로 보통 먹이를 먹여서는 안 된다. 따라서 이 무렵부터는 서서히 이유식을 주어야 한다.

이유식은 강아지 전용 이유식을 조금씩 조금씩 주어 소화에 적응토록 해줘야 한다. 생후 1개월 정도 되면 차츰 어미개의 젖도 나오지 않게 되고 어미개는 젖 먹이는 것을 싫어하게 된다. 몇몇 종류의 개는 자기가 먹은 것을 토해 내어 자기의 새끼 강아지에게 먹이는 습성이 남아 있다.

이렇게 이유식과 어미젖을 먹은 강아지는 생후 45일에서 60일 정도 되면 이유(젖을 떼는 것)시켜도 된다.

출산으로 인한 질병

산전 산후 마비증(Eclampsia)
분만 전후, 특히 포유 기간 동안 또는 평소에 편식을 하거나 식욕이 부진한 개 그리고 많은 새끼(3두 이상)를 분만했을 때 마비 증세가 나타난다.

이 상태를 밀크 피버(milk fever)라고도 하는데 새끼가 많으면 임신 기간뿐만 아니라 젖을 먹이는 포유기에 많은 양의 칼슘이 필요하게 되어 일어난다.

증상 모견이 이상하게 행동하며 다리에 힘이 없어 비틀거리거나 불안해하며, 발작하는 것처럼 주저앉거나 옆으로 누워 격렬하게 떨면서 경직된다. 심한 경우는 경련으로 인하여 혀가 물려 심한 손상을 입기도 한다. 적당한 조치를 취하지 않으면 심한 에너지 소모와 심장 마비 등으로 죽게 된다.

치료 곧바로 수의사에게 데려가야 하며 수의사는 칼슘 계통의 혈관 주사를 투여하게 된다. 혈관 주사를 맞게 되면 언제 그랬느냐는 듯이 금방 회복된다.

그 뒤 조치로는 강아지들에게 젖을 먹이지 말고 새끼와 24시간 정도 격리시키며 새끼는 분유를 물에 섞어(10:1 정도 비율) 강아지 전용 젖병을 이용해 자주 먹여 주어야 한다. 어미개는 재발을 방지하기 위해 칼시델리스 등을 먹이면 도움이 된다.

질염(Vaginitis)

질 점막에 염증이 생기는 것을 말한다. 원인은 세균에 의해 감염되며 수컷의 생식기 또는 난산에 의한 상처 등에 의해서이다.

증상은 몸이 매우 불편한 모양을 하고 계속해서 마치 진통하듯 애를 쓴다. 붉은색 또는 노란색 분비물이 나오며 검경(檢鏡)하면 질 점막에 심한 염증 반응이 나타나 있다.

치료는 질염이 의심스러우면 곧 수의사와 상의하여 항생제 주사로 치료하면 된다. 경우에 따라서는 질 세척도 필요하다.

질탈(Prolapse)

질탈이란 자궁경과 질이 뒤집혀 음문 밖으로 돌출한 상태를 일컫는다. 가끔 자궁이나 방광이 빠져 나올 수 있다. 증상은 붉고 염증이 생긴 덩어리가 음문 밖으로 나와 있고 이것을 계속 빨아댄다.

치료는 수의사를 찾으면 전신 마취 뒤 처리해 준다.

피임 수술

개도 가족 계획과 피임이 필요하다. 번식 목적이 아닌 애완용 암캐가 혼외 정사에 맛들여 주인 모르게 임신한다거나 바람난 수캐

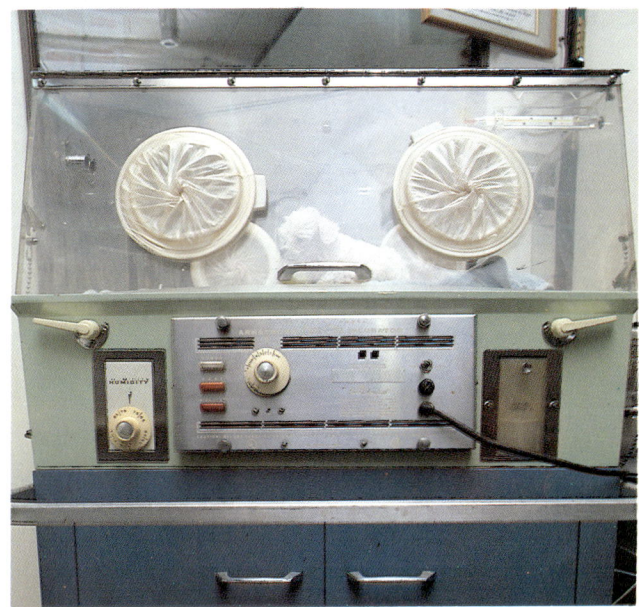

인큐베이터　사람과 마찬가지로 개도 체중이 미달되거나 이상이 있을 경우에
는 이곳에서 보육되어진다.

가 짝을 찾아 자주 바깥으로 쏘다닌다면 골칫거리이다. 특히 알
것은 알 만큼 자란 성견 수캐는 때로 사람에게도 노골적으로 성적
징후를 나타내 보기에 민망하기조차 하다.

강아지 피임은 이같은 사고를 미리 방지해 줄 뿐더러 암캐의 경우
임신으로 인해 몸매가 망가지지 않도록 하는 미용 효과도 크다.

암캐의 발정기에만 생리대를 채우는 등 1회용 피임 수단도 있지
만 항구적이고 안심할 수 있기로는 암캐든 수캐든 아예 강아지 때
피임 수술을 해버리는 게 가장 낫다. 수술 적기는 암수 모두 성적으
로 성숙하기 이전인 생후 6개월 내지 1년 사이가 좋다.

암캐 피임 수술은 난소만 적출하는 방법과 난소와 자궁을 한꺼번에 들어 내는 방법, 두 가지가 있는데 전자의 경우 자궁내막염 등 질병에 노출될 우려가 남기 때문에 후자의 시술 방법이 보다 이상적이다. 이 경우 주기적인 생리와 발정이 없어져 버리므로 원치 않는 임신을 원천 봉쇄할 수 있을 뿐더러 개의 청결 유지에도 효과 만점이다.

수캐의 피임은 거세 수술을 뜻한다. 전신 마취로 강아지의 고환 기능을 없앰으로써 성욕과 생식력을 조기에 억제시키는데 '비인간적'이란 반론도 있지만 사실 개에겐 더 '행복한 처방'이 될 수 있다. 이성으로도 성적 본능을 조절 못하는 개의 '평생 고통'을 덜어 주는 것이 되기 때문이다.

국내 애완 풍조에선 새끼 욕심이 유별난 게 사실이며 이에 따라 피임 수술도 대부분 애견가가 망설이고 있으나 집에서 기를 경우 애완용인가 번식용인가 하는 목적은 이미 정해져 있으므로 조기에 피임 수술을 해주는 게 개나 사람 모두에게 좋다.

미국의 경우 수의사 협회가 적극 나서 피임 수술만은 다른 수술보다 훨씬 싼값에 서비스하고 있으며 애견가들도 이에 적극 호응하고 있다.

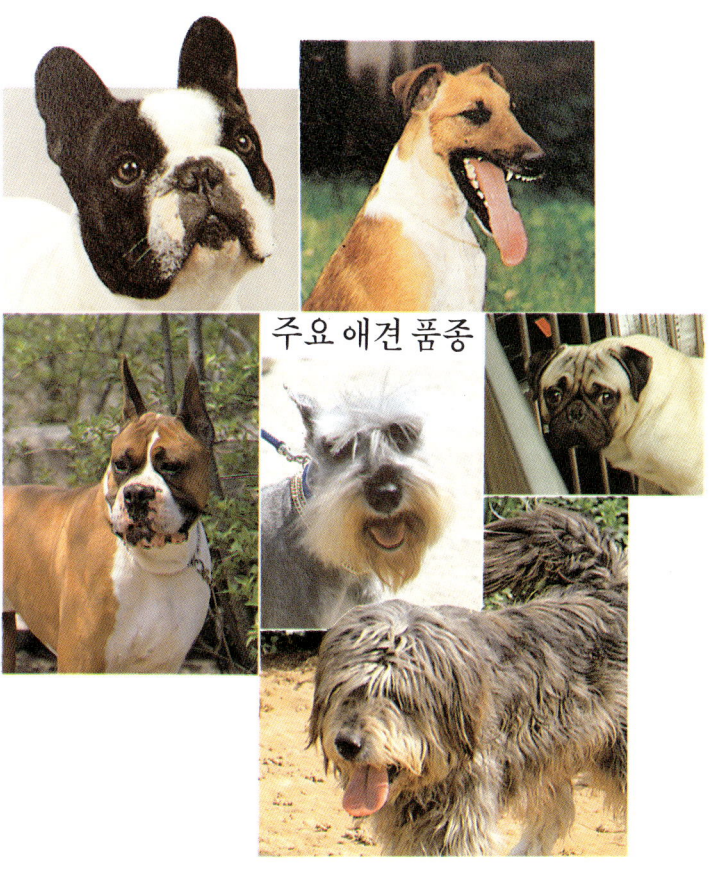

주요 애견 품종

    지구상에서 개의 종류는 약 500여 종에 달하며 미국애견협회(A.K.C；
American Kennel Club) 등에서 인정한 개만도 200여종에 이른다. 그러나 우리
나라에는 그와 같은 많은 견종이 사육되지 못하고 약 50여 종에 불과하다.
따라서 여기에 소개되는 개들은 많이 알려진 개나 우리나라 애견가들이 주로
키우고 있는 54종만을 소개한다.

    지면 관계로 더 많은 견종을 소개하지 못한 것을 아쉽게 생각하며, 다음에
더 많은 품종을 자세하게 소개할 기회가 있기를 바란다.

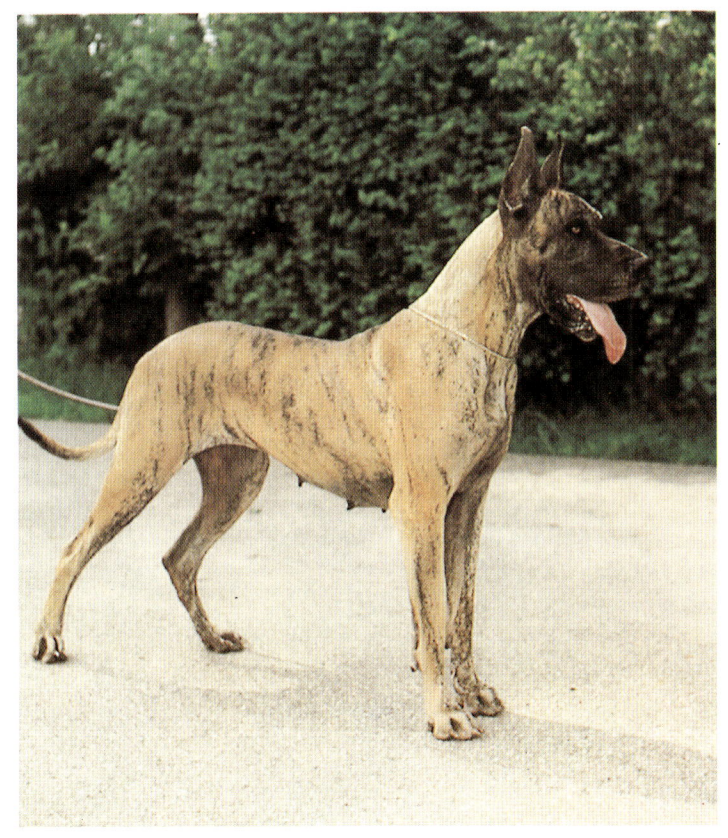

그레이트데인(Great Dane)

원산지:독일
용도:호신견, 사역견
(♂) 키 76~81cm, 몸무게 60kg
(♀) 키 72~76cm,
검정색, 허리케인(harlequin:얼룩, 다채로운 색), 회색(fawn:엷은 황갈색), 회색 바탕
에 검정 체크무늬색(brindle)

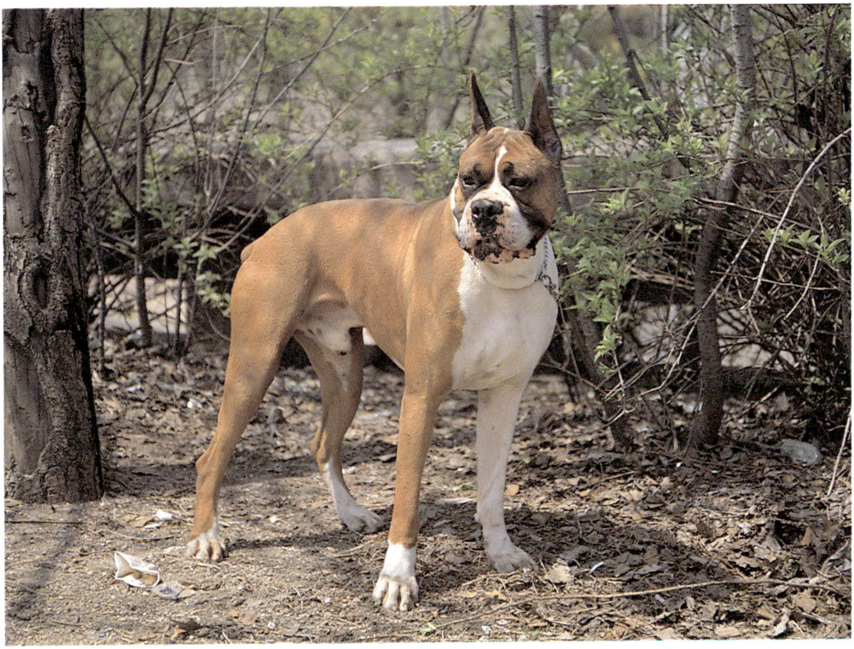

복서(Boxer)

원산지:독일
용도:사역견
(♂) 키 57~63㎝, 몸무게 30~32㎏
(♀) 키 53~58㎝, 몸무게 24~25㎏
담황색(fawn), 황갈색, 흰 얼룩무늬색(brindle)

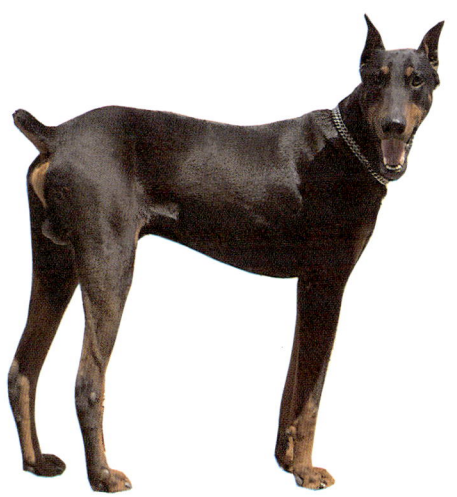

도베르만핀셔(Dorberman Pinscher)

원산지:독일
용도:사역견, 군용견
(♂) 키 70㎝, 몸무게 30~40㎏
(♀) 키 65㎝,
검정색, 짙은 갈색

알래스칸맬러뮤트(Alaskan Malamute)

원산지 : 알래스카
용도 : 사역견
(♂) 키 64cm, 몸무게 38kg
(우) 키 58cm, 몸무게 34kg
밝은 회색, 검은색

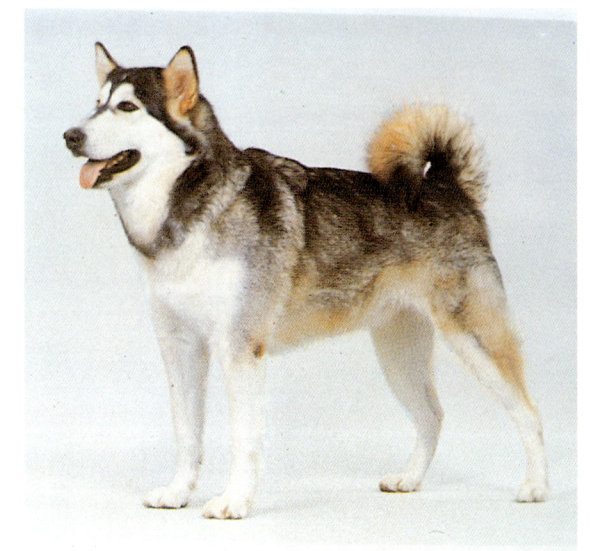

아키다견(Akita-Inu)

원산지 : 일본
용도 : 사역견
(♂) 키 63~71cm, 몸무게 35
(우) 키 57~66cm,   ~40kg
흰색, 핀토(pinto ; 얼룩배기,
斑紋이 있는 색), 황갈색, 호
랑이 얼룩무늬 색(brindle)

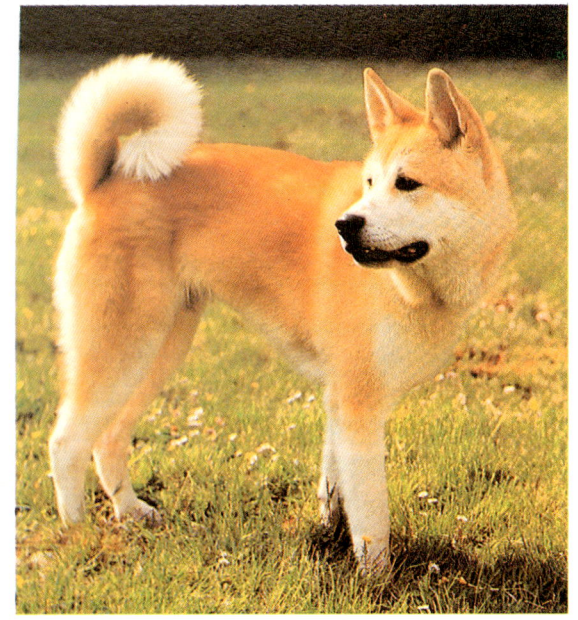

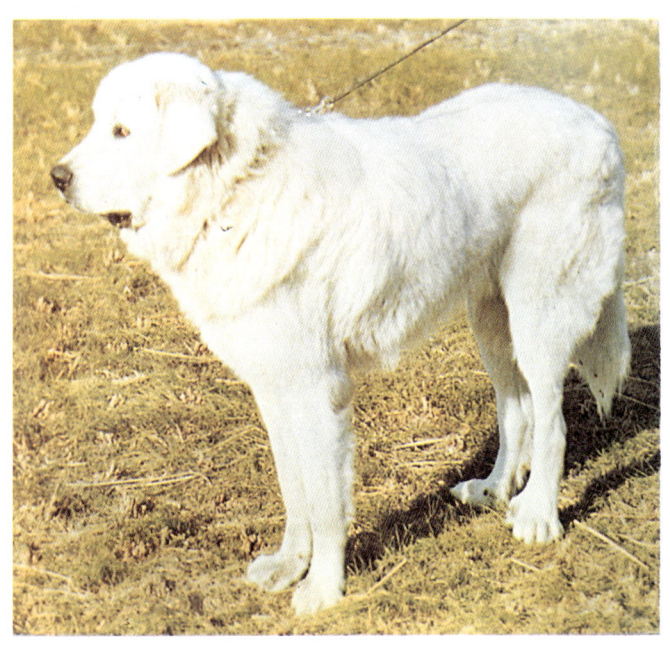

마운틴독(Mountain Dog, Great pyrenees)
원산지：영국
용도：사역견
(含) 키 69～81cm
(우) 키 64～74cm
흰색

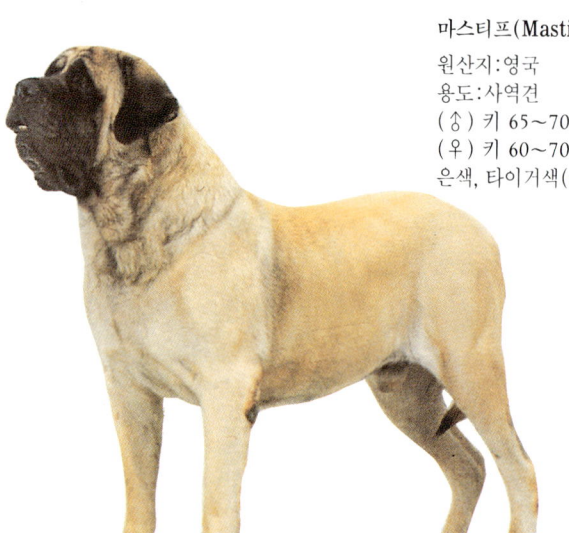

마스티프(Mastiff)

원산지 : 영국
용도 : 사역견
(♂) 키 65~70cm,
(♀) 키 60~70cm, 몸무게 70kg
은색, 타이거색(tiger), 금빛 담황색(golden fawn)

로트바일러(Rottweiler)

원산지 : 독일
용도 : 사역견
(♂)
(♀) 키 60~68cm, 몸무게 50kg
검은색

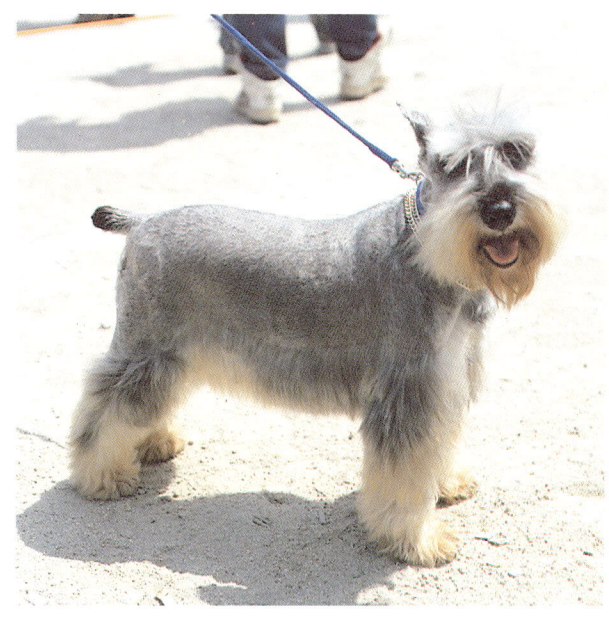

미니어처슈나우저(Miniature Schunauzer)

원산지:독일
용도:가정견
키 30～35㎝, 몸무게 6～7.3㎏
검정색, 은색

세인트버너드(St. Bernard)

원산지:스위스
용도:사역견, 인명구조견
(♂) 키 70㎝, 몸무게 50～
(♀) 키 65㎝,   55㎏
백적색, 적백색(white with red, red with white)

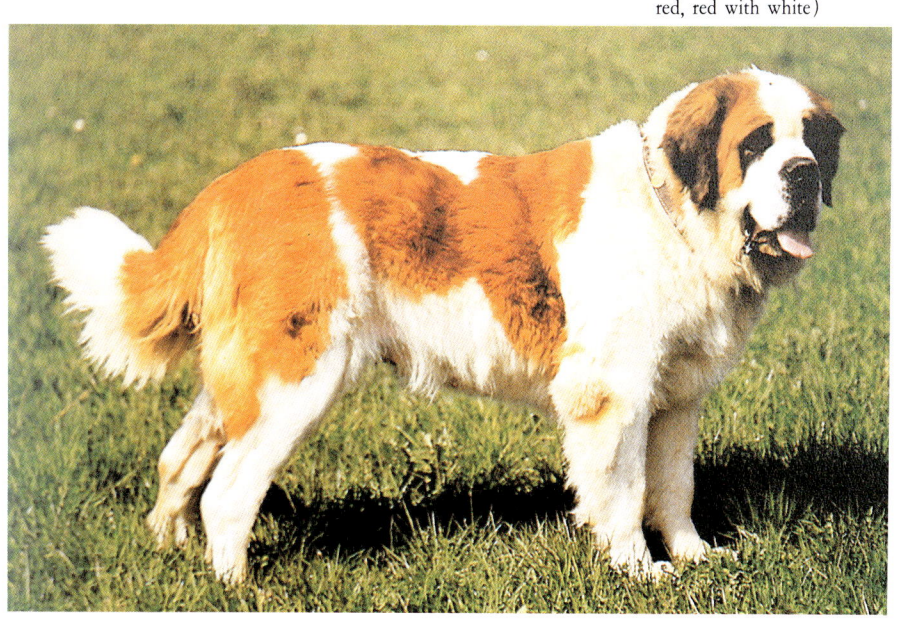

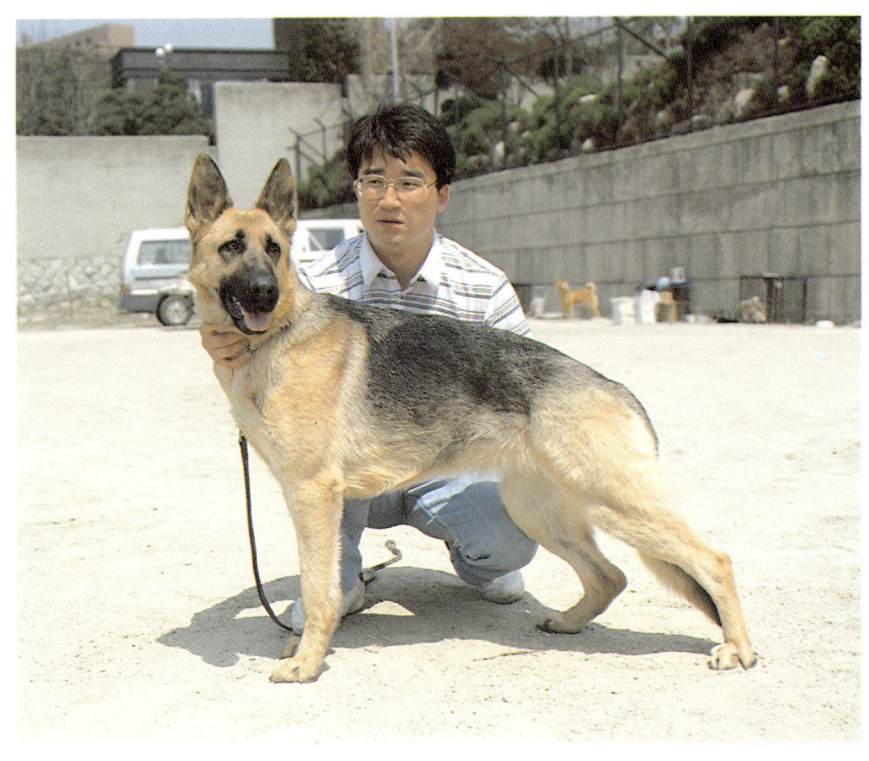

독일셰퍼드(German Shepherd Dog)

원산지:독일
용도:사역견, 군용견
(♂) 키 60~65㎝, 몸무게 35~40kg
(우) 키 55~60㎝,
검정색, 회색, 노란색, 갈색, 흰색

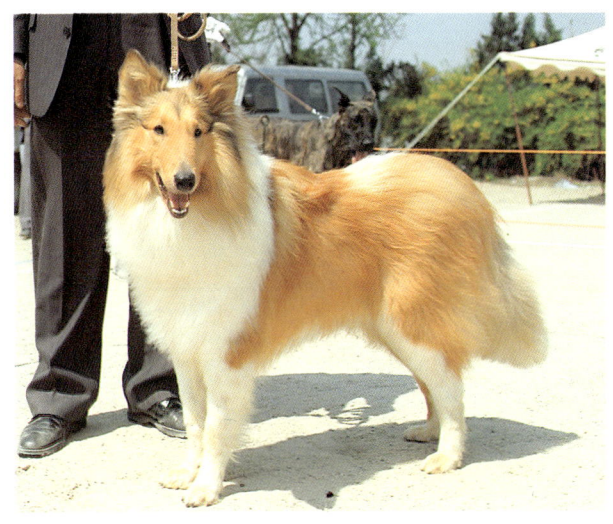

콜리(Collie)

원산지:영국
용도:목양견
(♂) 키 61~66cm, 몸무게 27~34kg
(우) 키 56~61cm, 몸무게 23~29kg
연한 황금색과 흰색(Sable and White),
검은색·갈색·흰색(Tri-color), 감청백
색(Blue Merle and White)

도사견(Tosa-Inu)

원산지:일본
용도:투견
키 60cm, 몸무게 37.5kg 이상
적색

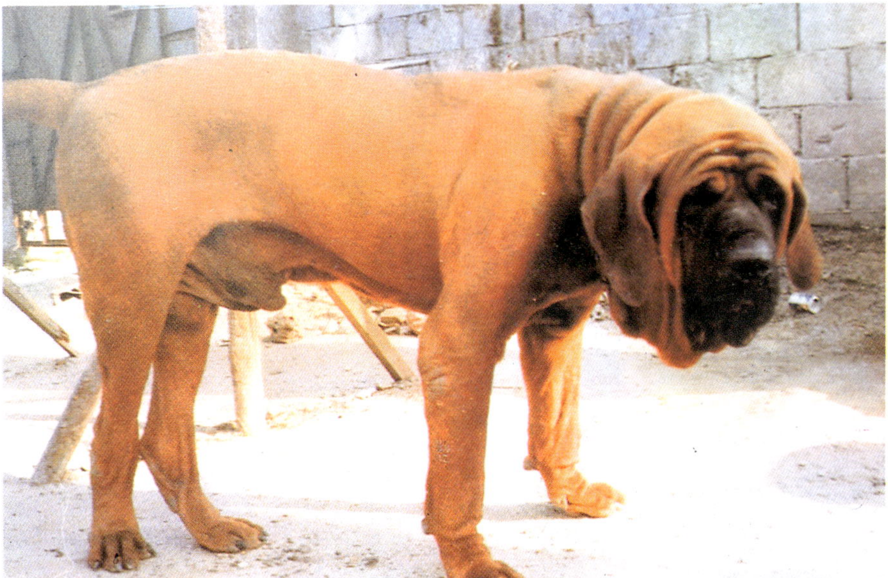

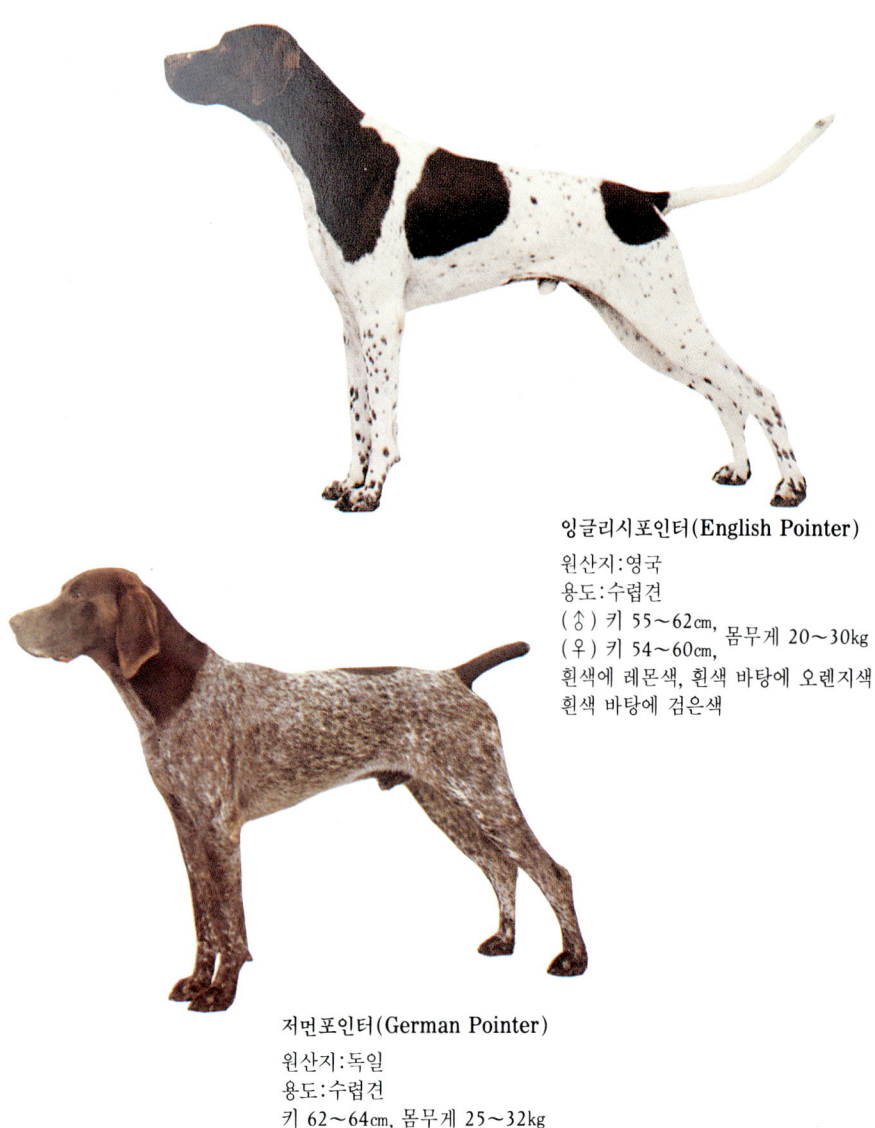

잉글리시포인터(English Pointer)

원산지:영국
용도:수렵견
(♂) 키 55~62㎝, 몸무게 20~30kg
(♀) 키 54~60㎝,
흰색에 레몬색, 흰색 바탕에 오렌지색
흰색 바탕에 검은색

저먼포인터(German Pointer)

원산지:독일
용도:수렵견
키 62~64㎝, 몸무게 25~32kg
밤색

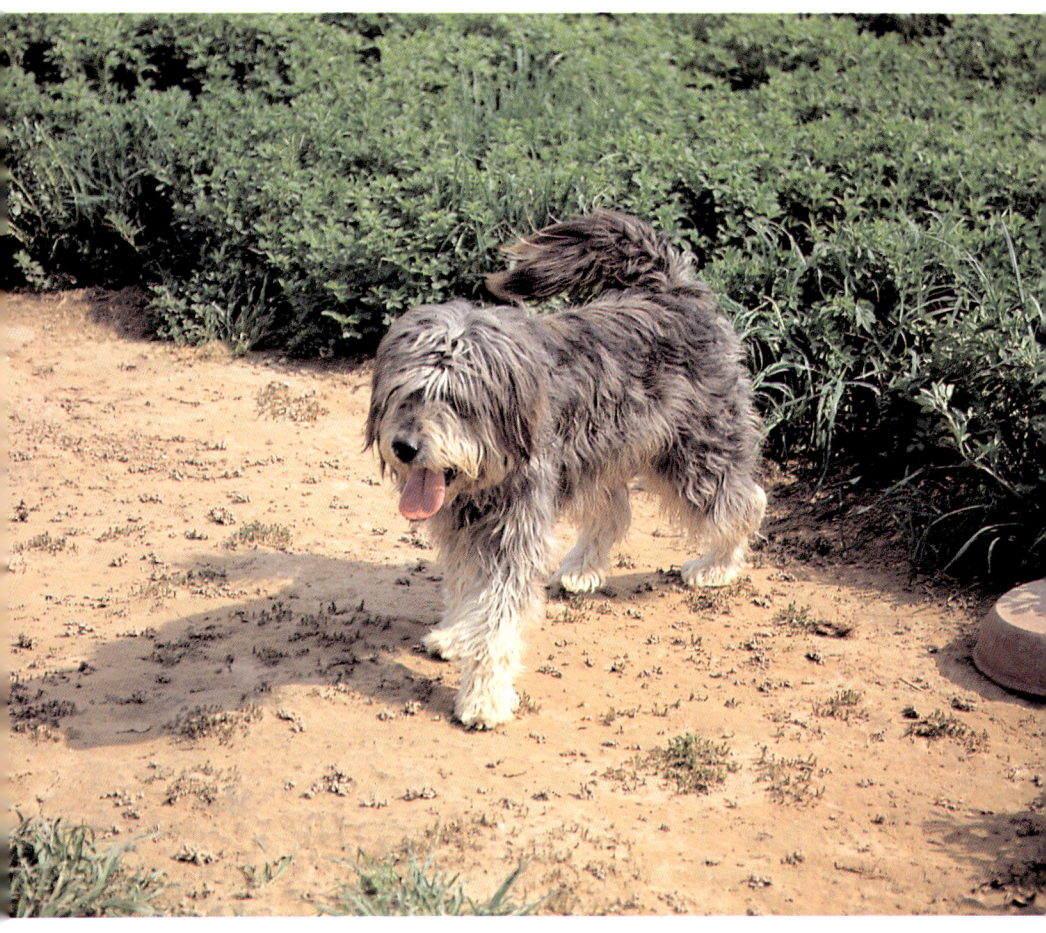

삽살개

　원산지:한국(천연기념물 제368호)

　용도:가정견

　특성:체질과 질병에 대한 저항성이 강하며, 품성이 대담하고 침착하다.

　키 45.5∼53.4cm

　몸무게 15.4∼21.8kg

　황색, 청색

　※ 태국 북방 치앙마이 지방의 고려족 거주촌에서도 이와 유사한 개들을 많이 키우고 있다
고 한다. 현재 국내에서는 삽살개 토종 진위에 대해서 논쟁중이다.

올드잉글리시쉽독
(Old English Sheep Dog)

원산지:영국
용도:사역견
(♂) 키 56㎝, 몸무게 30㎏
(우) 키가 수컷보다 약간 작
다.
회색, 청색, 흰색

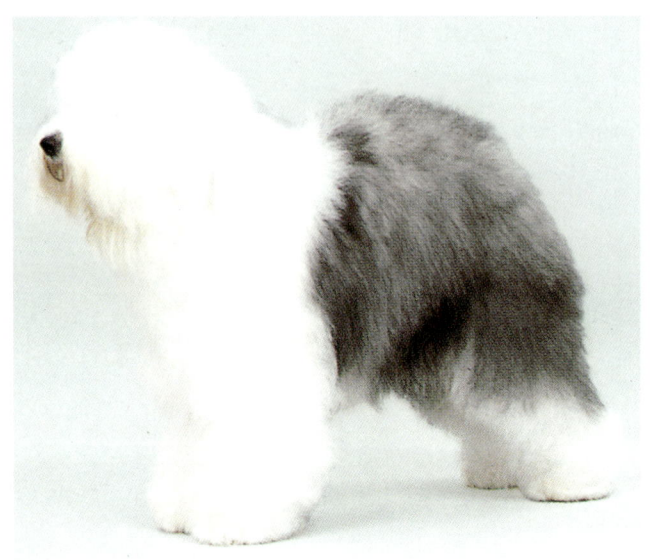

래브라도리트리버(Labrador Retriever)

원산지:래브라도섬
용도:수렵견
(♂) 57.15~62.23㎝, 27.22~34.02㎏
(우) 54.61~59.69㎝, 24.95~31.75㎏
검정색, 노란색

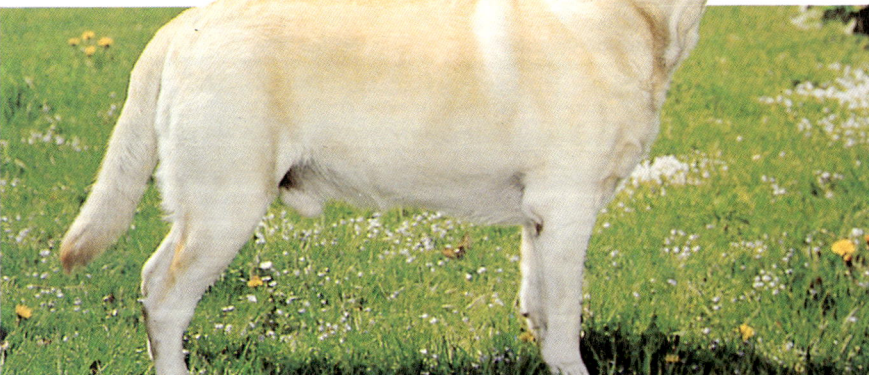

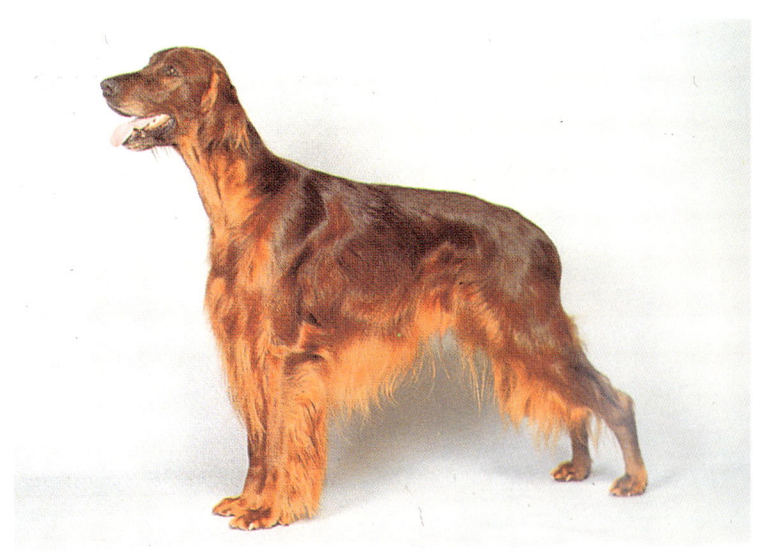

아이리시 세터(Irish Setter)

원산지 : 아일랜드
용도 : 수렵견
(♂) 키 54~62cm, 몸무게 18~22.5kg
(♀) 키 52~60cm, 몸무게 15~22kg
적색, 적갈색

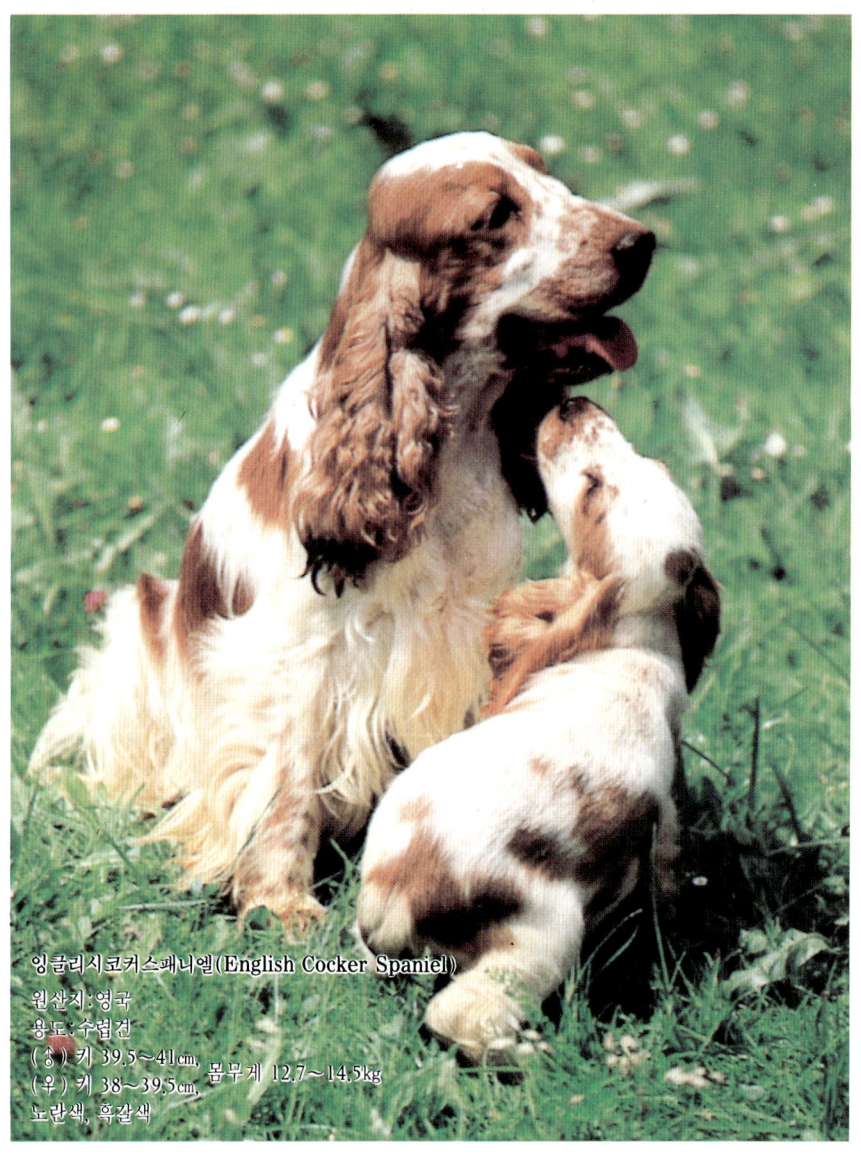

잉글리시코커스패니엘(English Cocker Spaniel)
원산지 : 영국
용도 : 수렵견
(숫) 키 39.5~41cm,
(우) 키 38~39.5cm, 몸무게 12.7~14.5kg
노란색, 흑갈색

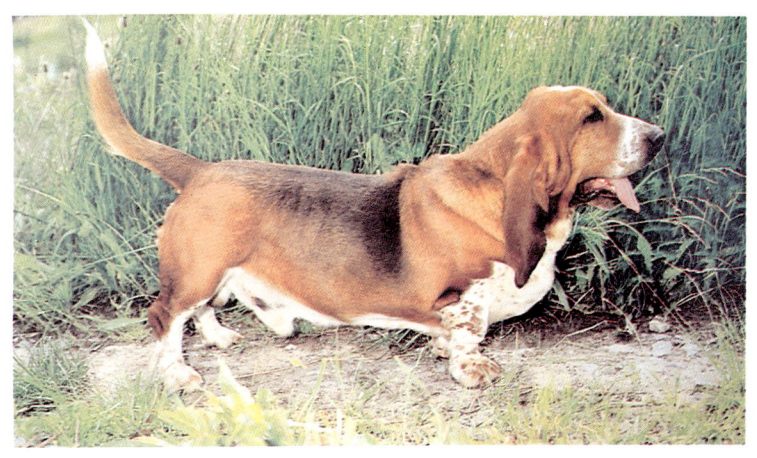

배시트하운드(Basset Hound)

원산지 : 프랑스
용도 : 수렵견
키 35.5cm, 몸무게 18~23kg
밤색이 있는 흰색

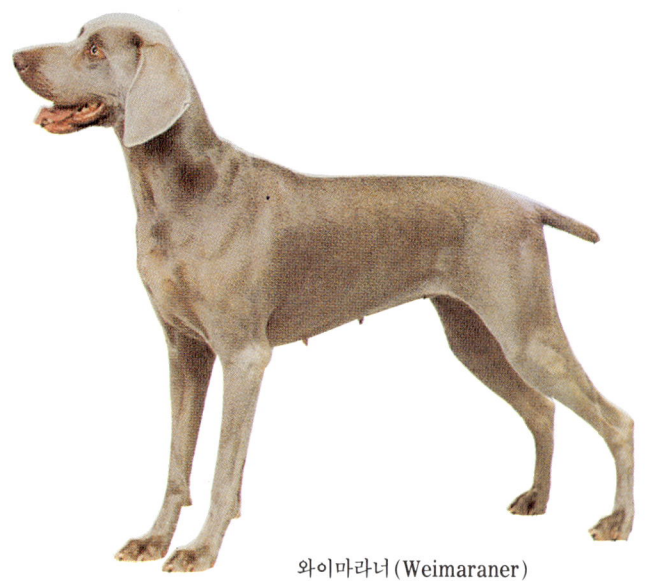

와이마라너(Weimaraner)

원산지 : 독일
용도 : 수렵견
키 65~75cm, 몸무게 25~30kg
(2.54cm 이내의 가감은 관계없지만 그 이상은 실격)
회색, 은회색

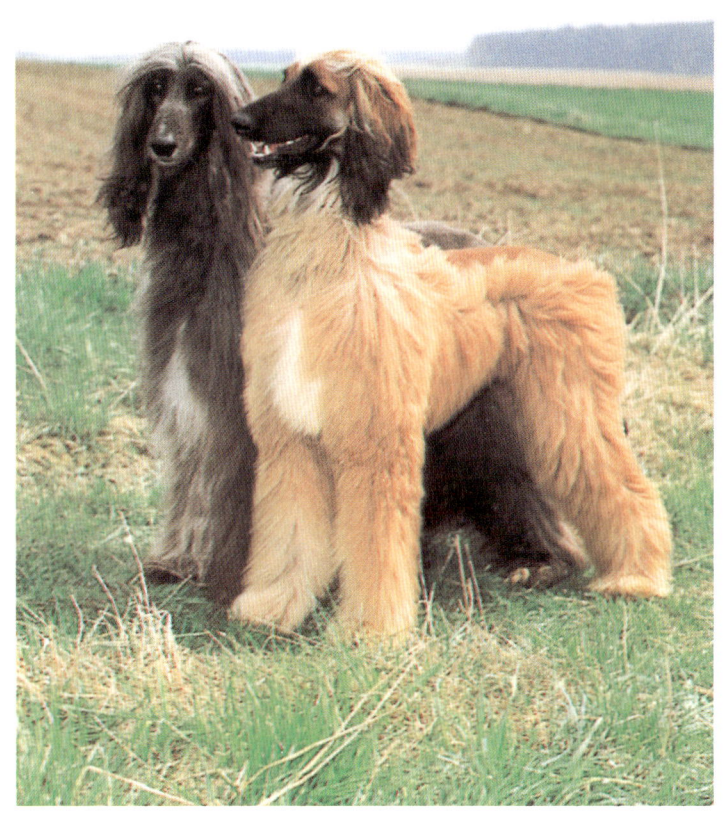

아프간하운드(Afghan Hound)

원산지:아프가니스탄
용도:수렵견
키 68~74㎝, 몸무게 26~34㎏
흰색, 담황색, 검정색 등

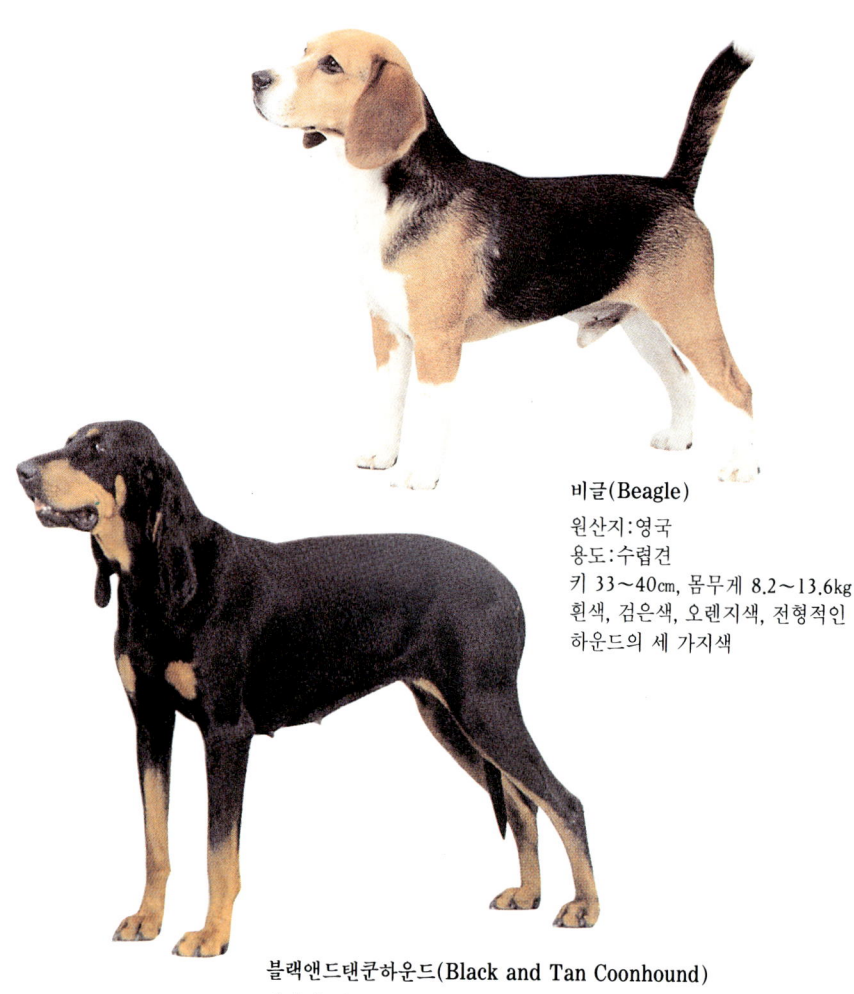

비글(Beagle)
원산지:영국
용도:수렵견
키 33~40㎝, 몸무게 8.2~13.6kg
흰색, 검은색, 오렌지색, 전형적인
하운드의 세 가지색

블랙앤드탠쿤하운드(Black and Tan Coonhound)
원산지:미국
용도:수렵견
키 63~68㎝, 몸무게 45~64kg
검은색, 황갈색

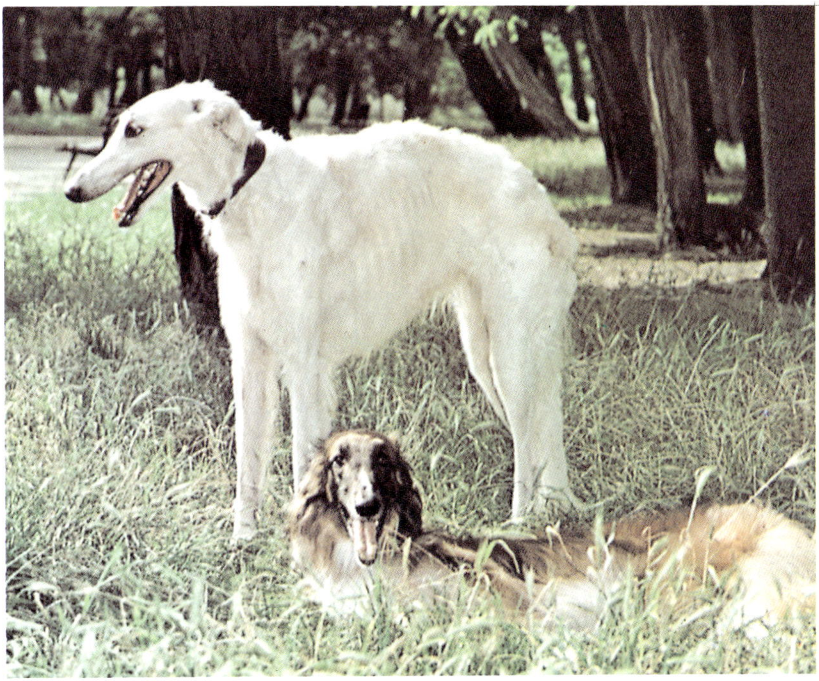

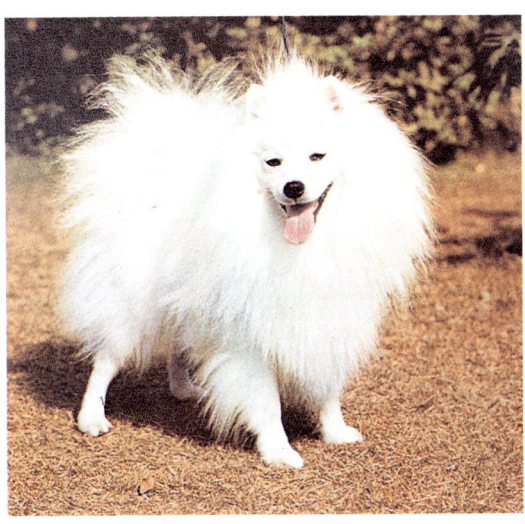

볼조이(Borzoi)

원산지:소련
용도:수렵견
(♂) 키 75.5㎝,
(♀) 키 71㎝, 몸무게 34~48㎏
흰색, 흰바탕에 검은색이나 금색

일본스피츠(Japanese Spitz)

원산지:일본
용도:가정견, 애완견
(♂) 키 30~40㎝,
(♀) 25~35㎝, 몸무게 10㎏
흰색

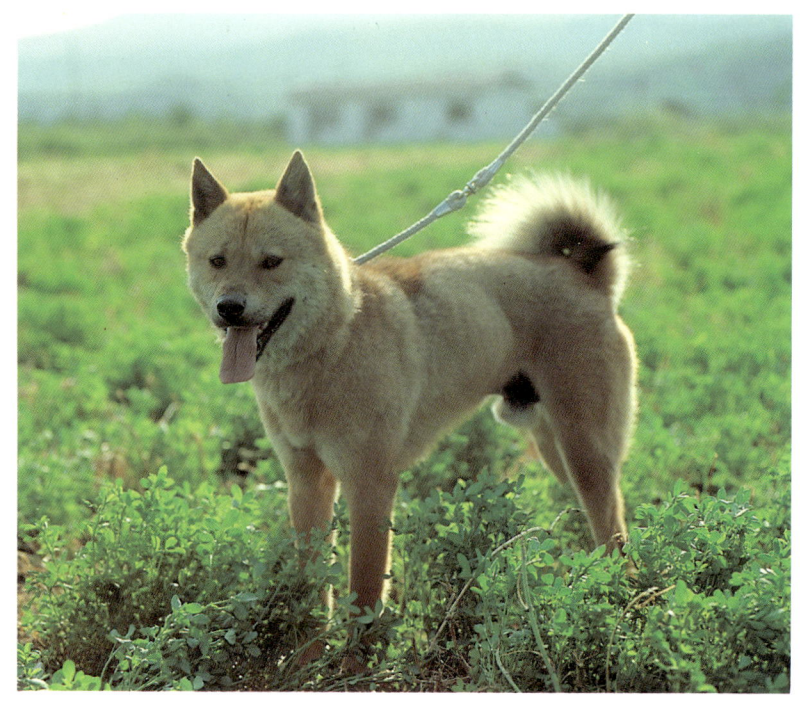

진도개
원산지:한국(천연기념물 제53호), 국제축견연맹 334호 지정
용도:수렵견, 가정견
특성:머리가 거의 팔각형이며 귀는 쫑긋하고 눈꼬리는 위로 향해 있다. 또한 그 품성이 아
주 영리하고 충직하며 빼어난 사냥꾼이다.
(숫) 키 45~58cm
(우) 키 43~53kg
황색, 흰색, 검정색
※ 1996년 11월 3일 국제축견연맹(FCI) 주최로 일본 도쿄에서 열리는 '96국제도그쇼'에
한국동물보호연구회의 주선으로 진도개 성군(4세, 수컷)이 참가해 3천 3백여 마리의 애
견들과 함께 그 용모와 품성을 겨루어 특별상을 수상하여 국내외 진도개의 우수성을 널
리 알렸다.

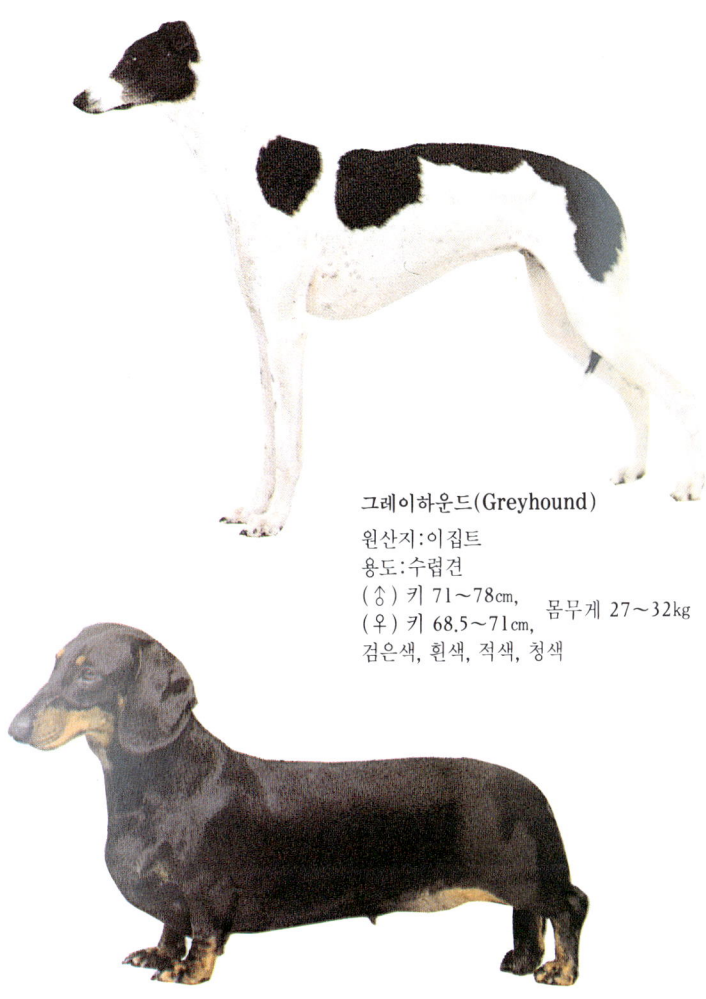

그레이하운드(Greyhound)

원산지:이집트
용도:수렵견
(♂) 키 71~78㎝,
(♀) 키 68.5~71㎝,   몸무게 27~32㎏
검은색, 흰색, 적색, 청색

닥스훈트(Dachshund)

원산지:독일
용도:수렵견
4.25㎏ 이상을 표준. 그 미만을 미니추어로 한다.
검정색, 적색, 초콜릿색, 브린들, 황색
장모(長毛;long hair)도 있음.

저패니즈칭(Chin or Japanese Spaniel)

원산지 : 일본
용도 : 애완견
키 30㎝, 몸무게 3.2kg
흰색 바탕에 검은색, 흰색
바탕에 적색

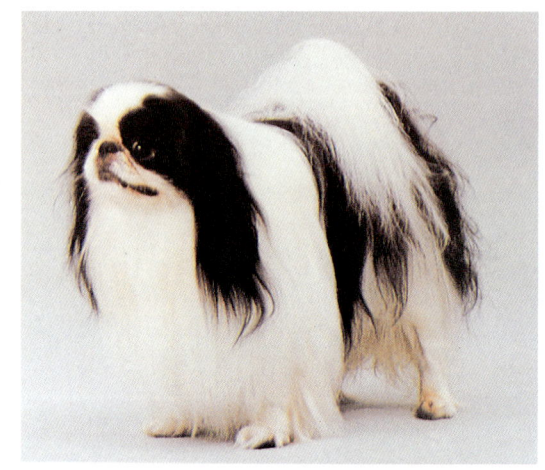

치와와(Chihuahua)

원산지 : 멕시코
용도 : 애완견
키 16~22㎝
몸무게 0.9(900gm)~2.6kg
장모종-회색, 은색
단모종-회색, 은색, 검은 황
갈색

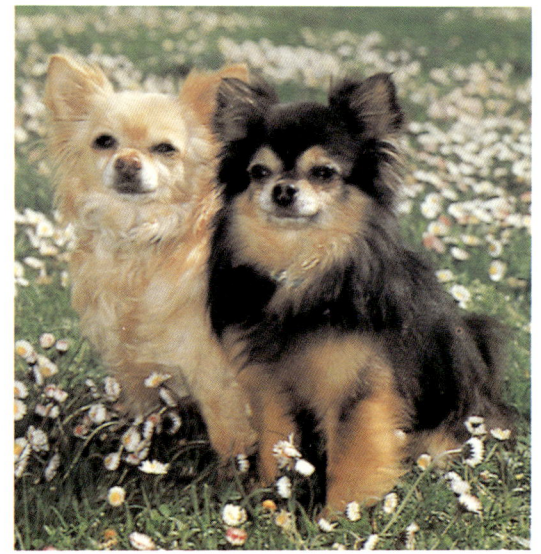

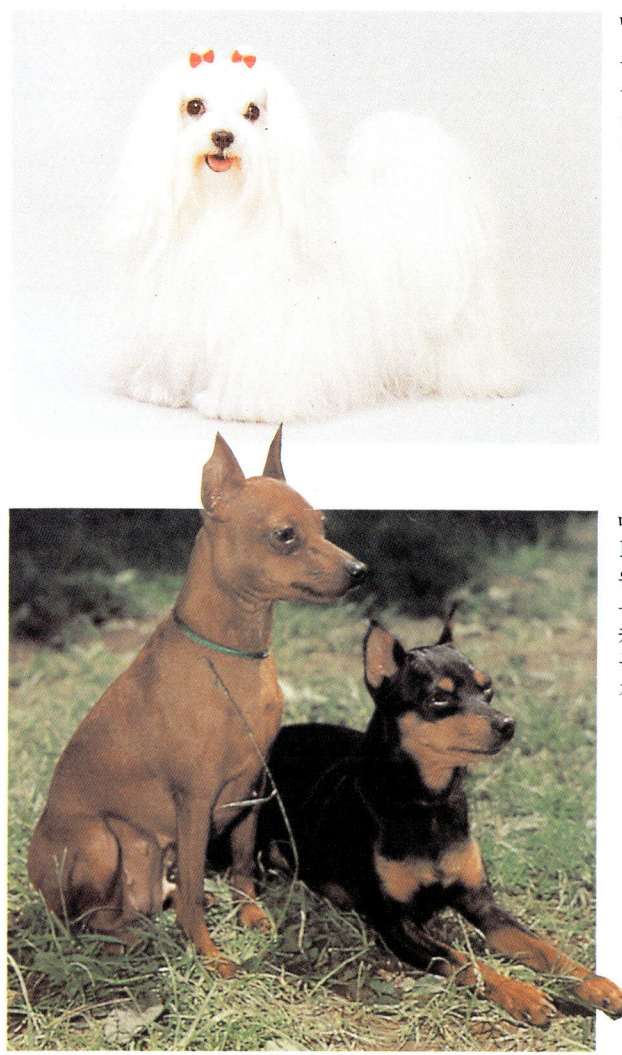

말티즈(Maltese)

원산지 : 말타섬
용도 : 애완견
(♂) 키 21~25㎝
(♀) 키 20~23㎝
몸무게 3~4㎏
흰색

미니어처핀셔(Miniature Pinscher)

원산지 : 독일
용도 : 애완견
키 25~32㎝
몸무게 2.5~3.5㎏
검은 황갈색, 검은색, 적색

페키니즈(Pekingese)

원산지 : 중국
용도 : 애완견
키 30.4～45cm
몸무게 3.6～4.5kg
흰색, 검은색, 황색 등

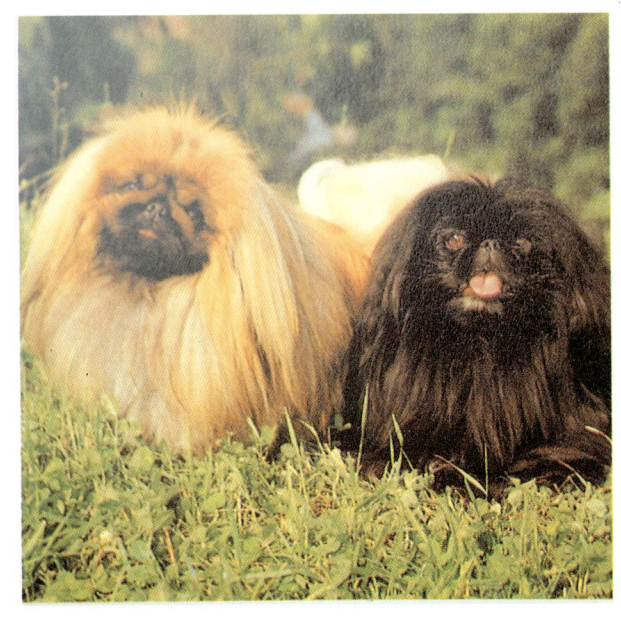

포메라니안(Pomeranian)

원산지 : 독일
용도 : 애완견
키 30cm, 몸무게 3～5kg
흰색, 적색, 오렌지색, 검은색, 회색

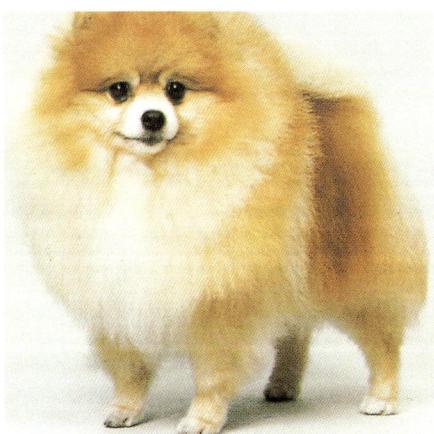

파피용(Papillon)

원산지 : 스페인
용도 : 애완견
키 28cm, 몸무게 4.1～4.5kg
흰색 바탕에 검정색, 갈색

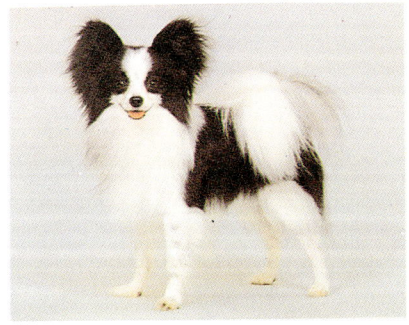

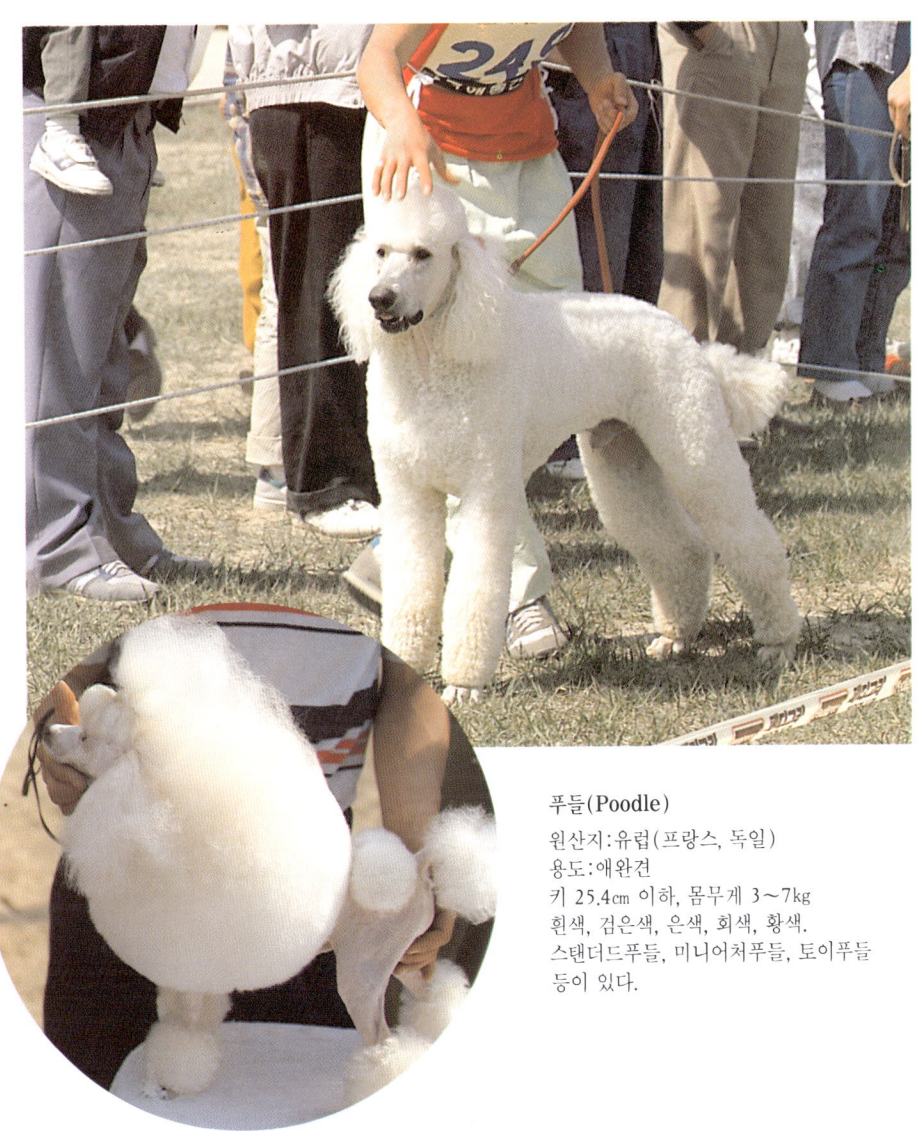

푸들(Poodle)

원산지:유럽(프랑스, 독일)
용도:애완견
키 25.4cm 이하, 몸무게 3~7kg
흰색, 검은색, 은색, 회색, 황색.
스탠더드푸들, 미니어처푸들, 토이푸들
등이 있다.

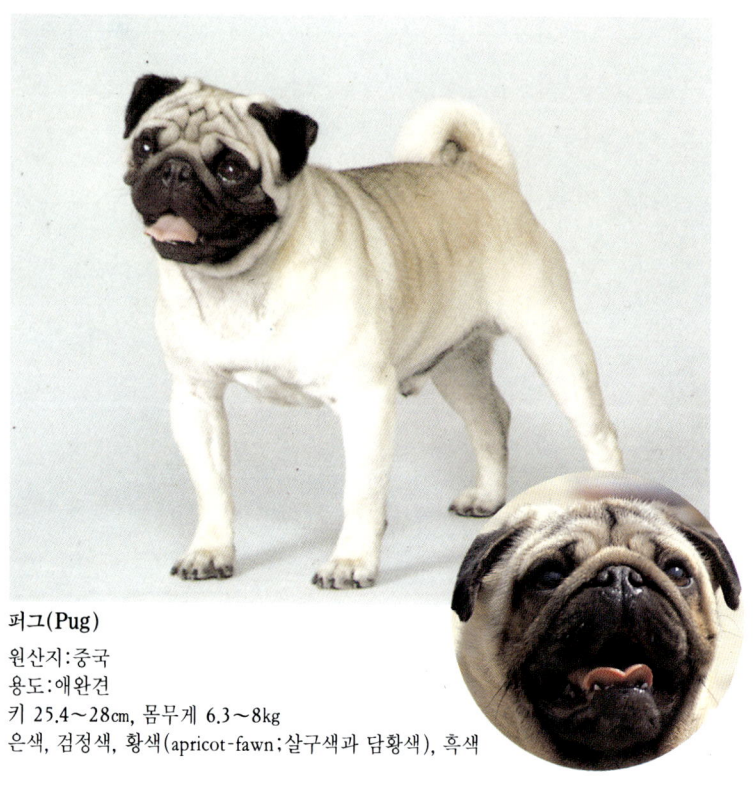

퍼그(Pug)

원산지:중국
용도:애완견
키 25.4∼28cm, 몸무게 6.3∼8kg
은색, 검정색, 황색(apricot-fawn:살구색과 담황색), 흑색

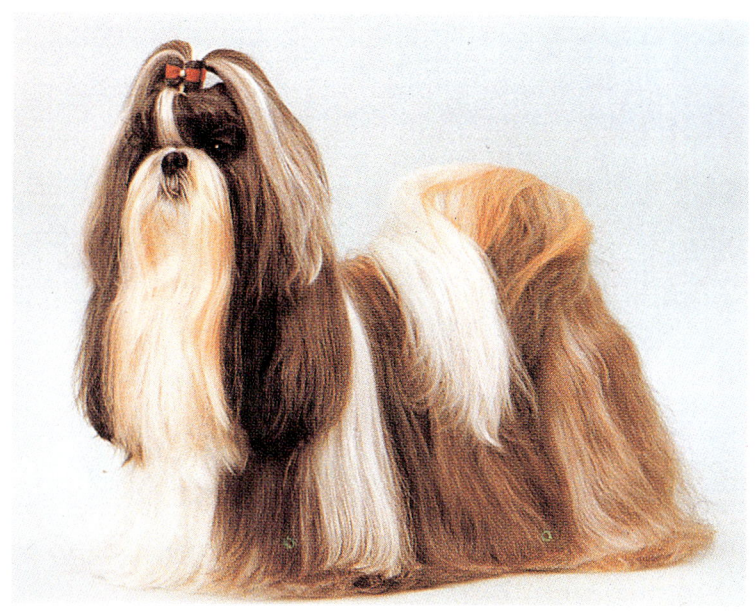

시쭈(Shih Tzu)

원산지:중국
용도:애완견
키 22.9∼26.7cm
몸무게 5.4∼6.8kg

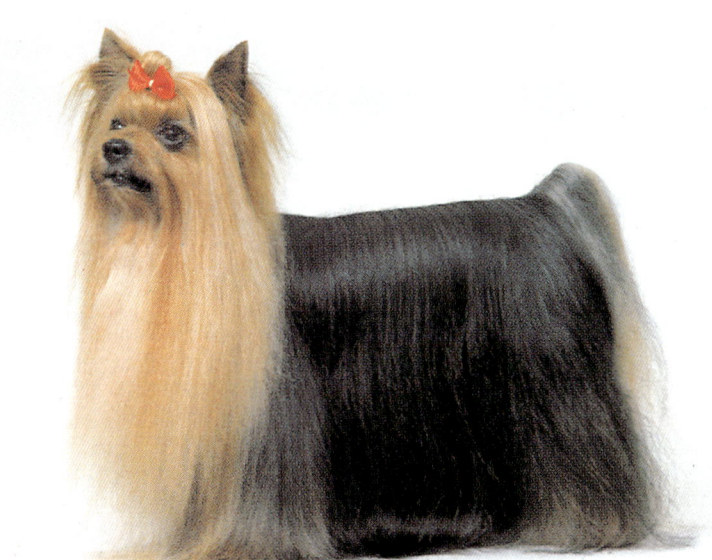

요크셔테리어
(Yorkshire
Terrier)

원산지:영국
용도:애완견
키 23cm
몸무게 3.5kg 이하
은색, 검은 황갈색,
강철색(steel blue)

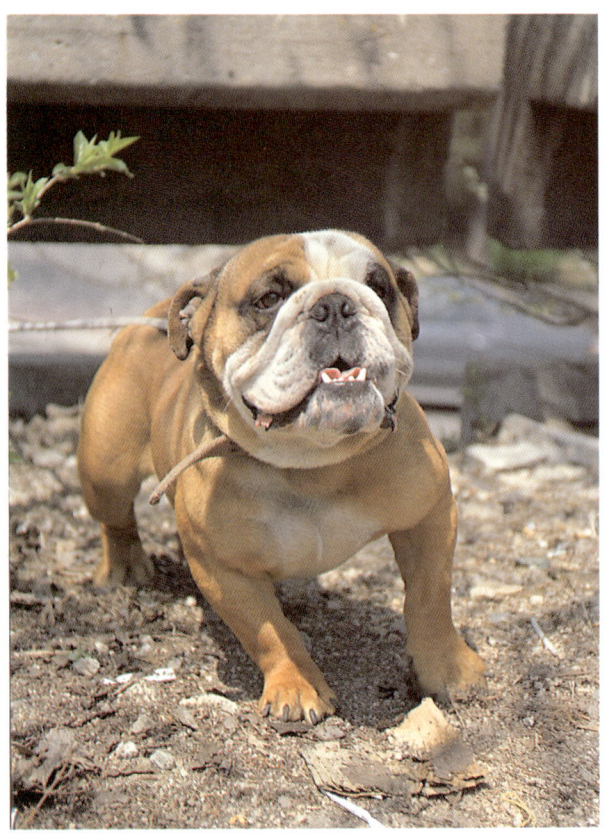

불독(Bulldog)

원산지:영국
용도:비렵견
(♂) 몸무게 24~25kg, 키 30~35㎝
(♀) 몸무게 22~23kg,
흰색과 노란색을 띤 황갈색

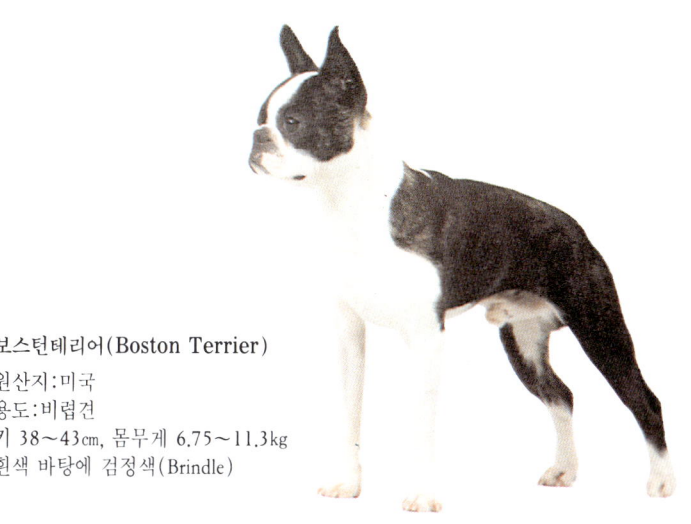

보스턴테리어(Boston Terrier)

원산지:미국
용도:비렵견
키 38~43cm, 몸무게 6.75~11.3kg
흰색 바탕에 검정색(Brindle)

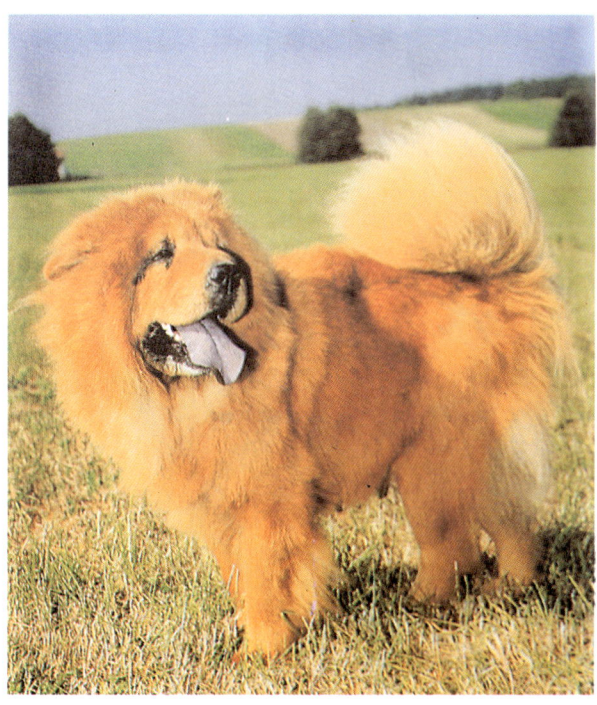

차우차우(Chow Chow)

원산지:중국
용도:비렵견
(♂) 키 48.4~50.8cm
(우) 키 45.7cm 이상
몸무게 24~27kg
혀의 색깔은 청색(Purple)
적색, 흑색, 은회색

주요 애견 품종 117

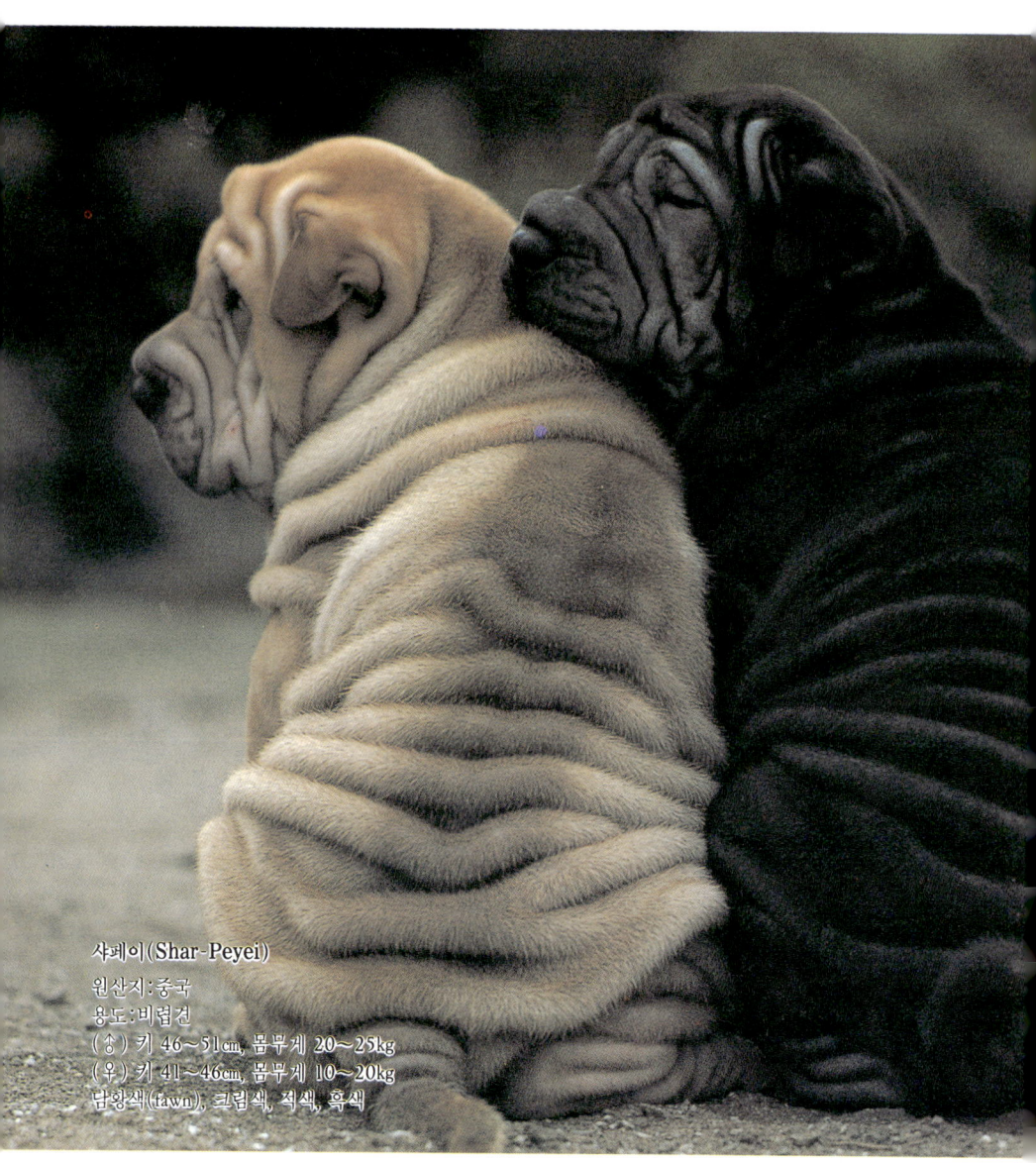

샤페이(Shar-Peyei)

원산지:중국
용도:비렵견
(상) 키 46~51cm, 몸무게 20~25kg
(우) 키 41~46cm, 몸무게 10~20kg
담황색(fawn), 크림색, 적색, 흑색

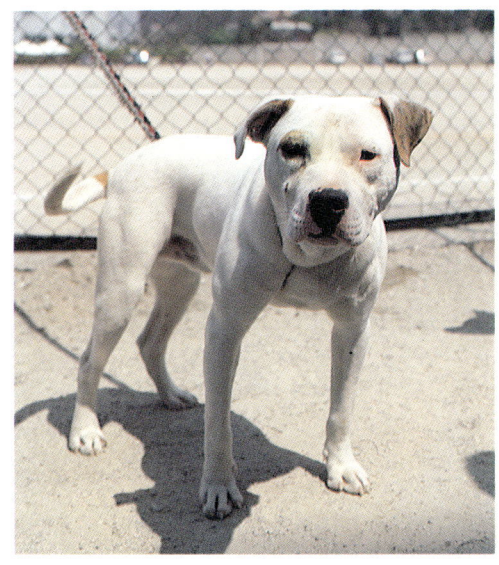

미국핏불테리어(American
Pit Bullterrier)

원산지:미국
용도:투견, 수렵견
키 44~46㎝, 몸무게 17~20㎏
갈색, 브린들, 황색과 백색 등
다양함.

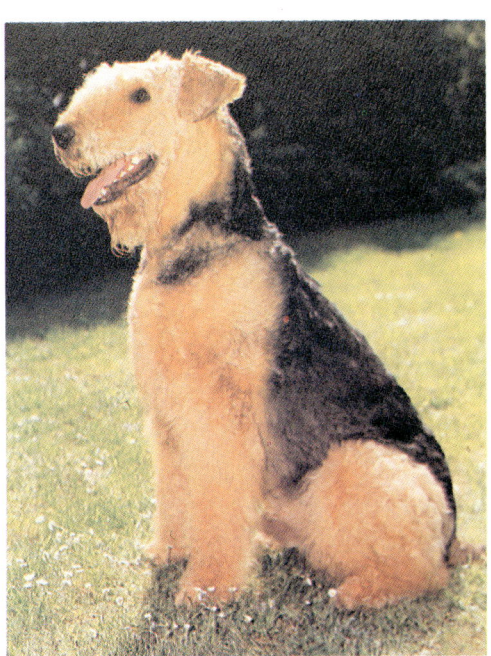

에어데일테리어(Airedale
Terrier)

원산지:영국
용도:사역견
키 59㎝, 몸무게 20㎏
갈색에 검정색(tan)

불테리어(Bull Terrier)

원산지:영국
용도:번견
키 53~56㎝
몸무게 23.5~28㎏
흰색 바탕에 검정색, 흰색
(오른쪽)

폭스테리어(Fox Terrier)

원산지:영국
용도:가정견
(♂) 키 39.37㎝를 넘으면
안 된다.
(우) 키가 수컷보다 좀
작다.
흰색 바탕에 검정색
(brindle), 적색
스무드 폭스테리어
(Smooth Fox terrier), 와이
어 폭스테리어(Wire Fox
terrier) 등이 있다.(아래)

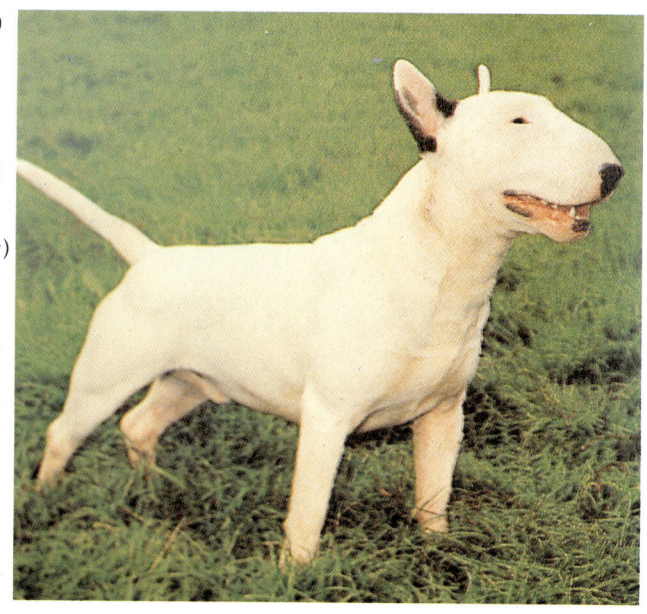

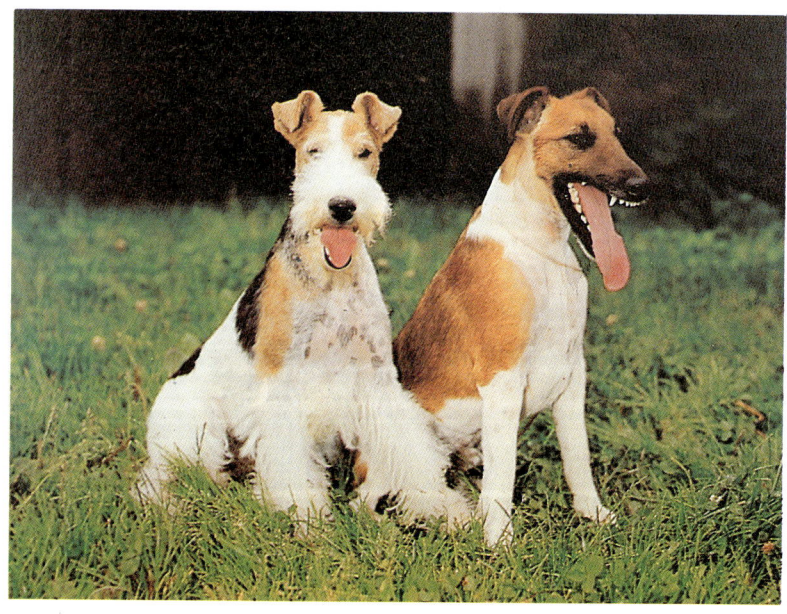

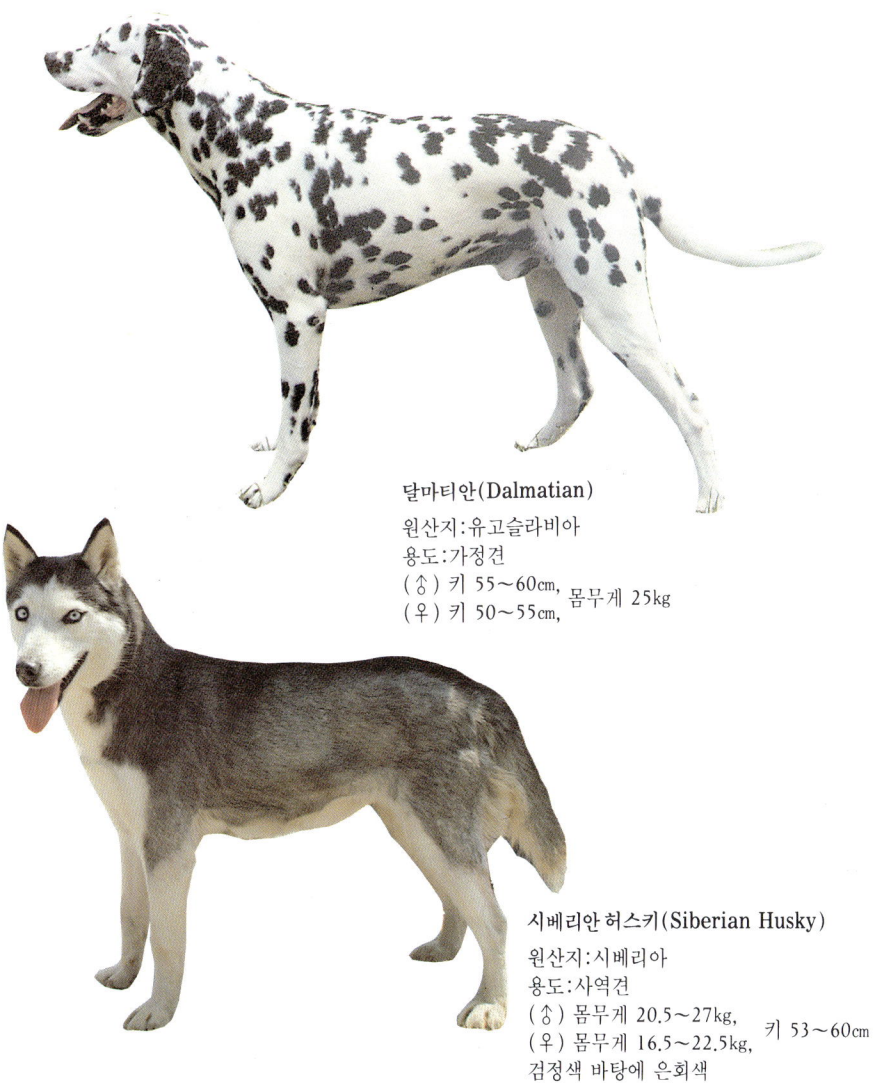

달마티안(Dalmatian)
원산지 : 유고슬라비아
용도 : 가정견
(♂) 키 55～60㎝, 몸무게 25㎏
(♀) 키 50～55㎝,

시베리안 허스키(Siberian Husky)
원산지 : 시베리아
용도 : 사역견
(♂) 몸무게 20.5～27㎏, 키 53～60㎝
(♀) 몸무게 16.5～22.5㎏,
검정색 바탕에 은회색

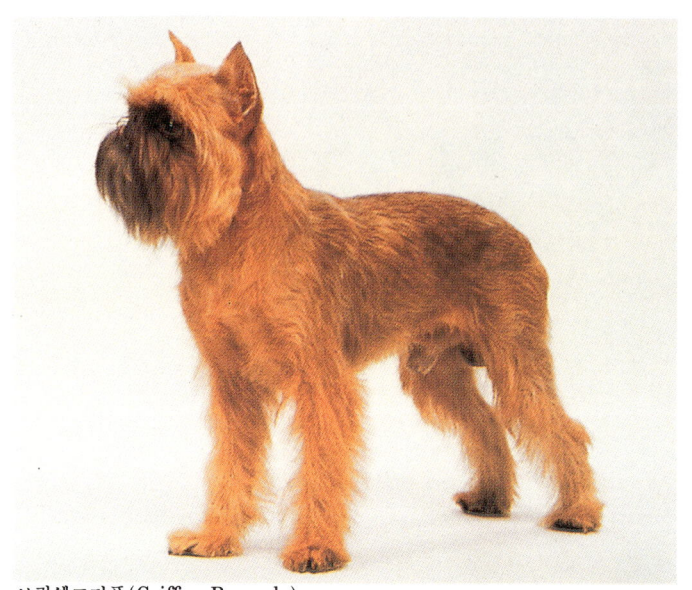

브뤼셀그리폰(Griffon Brassels)
원산지 : 벨기에의 그리폰
용도 : 수렵견, 번견, 애완견
적색과 갈색, 검은색과 붉은 갈색이 섞인 색
(black and reddish brown mixed)

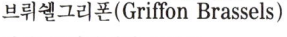
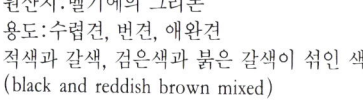

프랑스불독(French Bulldog)
원산지 : 프랑스
용도 : 애완견
키 30㎝
몸무게 6～12㎏
흰색 바탕에 검정색, 담황색, 흰색

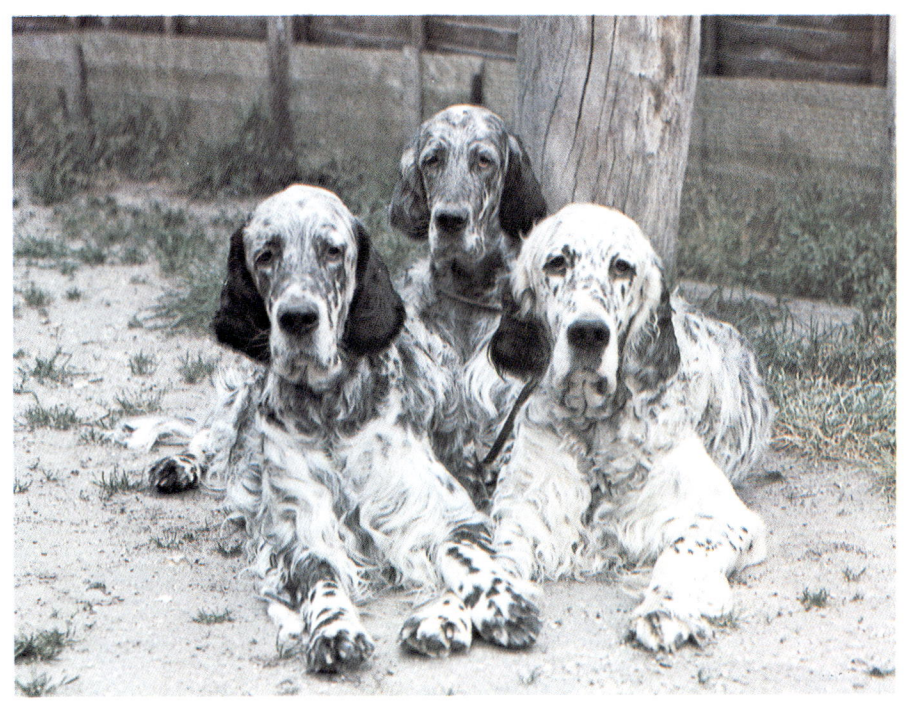

잉글리시세터 (English Setter)

원산지 : 영국
용도 : 수렵견
(♂) 키 56~62㎝, 몸무게 27~32㎏
(♀) 키 53~58㎝,
흰색 바탕에 검정색, 흰색 바탕에 레몬색

찾아보기
(가나다순)

참고 문헌

윤신근 「애견도감」 지식서관, 1992.

_____ 「진도견, 가축사육법」 1984.

Lemon F. Whitneg. D. V. M. 「The Complete Book of Dog Care」

Plumb 「Veterinary Drug Hand Book」

Morgan 「Handbook of Small Animal Practice」

A. K. C. 「The Complete Dog Book」

Muller 「Small Animal Dermatology」

James Herriot 「The TV Vet Dog Book」

Robert W. Kirk, DVM 「Harper's Illustrated Hand Book of Dogs」

Tim Hawcroft, B. V. Sc(Hons)M. A. C. V. Sc 「The Howell Book of Dog Care」

빛깔있는 책들 203-22

애견기르기

글	—윤신근
사진	—윤신근, 임인학

발행인	—장세우
발행처	—주식회사 대원사

주간	—박찬중
편집	—김한주, 신현희, 조은정, 황인원
미술	—윤봉희
전산사식	—이규헌, 육세림

첫판 1쇄	—1992년 11월 20일 발행
첫판 7쇄	—2003년 5월 30일 발행

주식회사 대원사
우편번호/140-901
서울 용산구 후암동 358-17
전화번호/(02) 757-6717~9
팩시밀리/(02) 775-8043
등록번호/제 3-191호
http://www.daewonsa.co.kr

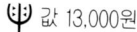 값 13,000원

Daewonsa Publishing Co., Ltd.
Printed in Korea(1992)

ISBN 89-369-0134-6 00490